Alfons Eggert

Von der Mähmaschine zum Mähdrescher

Die Technik in der Getreideernte

Mit einem Beitrag von Hans W. Mattig
Aktualisiert von Manfred Baedeker

Bechtermünz

Umschlagabbildung – Innenseite vorne

Ein Westermann-Schulwandposter der 30er Jahre zeigt die amerikanische Landschaft in Minnesota, südlich von Minneapolis. Auf dem leicht hügeligen braumlosen Gelände wird überwiegend Weizen angebaut. Ein breitschneidender Mähdrescher, von einer Raupenzugmaschine gezogen, ist hier bei der Erntearbeit. Die Staubfahne zeugt von trockenem Wetter.

Umschlagabbildung – Innenseite hinten

Ein eindrucksvoller Anblick: Ein Claas LEXION 480 im Ernteeinsatz.

Genehmigte Lizenzausgabe für
Verlagsgruppe Weltbild GmbH, Augsburg 2002

Umschlaggestaltung: Silvia Braunmüller,
Büro Lehmacher, Friedberg (Bayern)
Umschlagmotiv: Mauritius, Mittenwald (U1);
Digital Stock Corporation (U4)
Gesamtherstellung: Druckerei Appl, Wemding

Printed in Germany

ISBN 3-8289-5389-1

INHALT

Vorwort 5

Alfons Eggert
MÄHMASCHINEN

Geschichtlicher Rückblick 7
Patrick Bell 10
Aus den Anfängen der Technisierung 13
Schiebemäher 18
Mähmaschinen mit Anhaublech 21
Grasmähmaschinen mit Handablage 24
Mähmaschine mit Sammelkasten 26
Mähmaschine als Selbstableger 27
Antrieb eines Mähbinders 40
Messer 42
Halmabteiler 44
Aufbau eines Mähbinders 46
Bindetisch – Knüpfer 48
Bindegarn 50
Elevator 52
Haspel 54
Mähbinder auf der Straße 60
Deichsel – Vorderwagen 64
Mähbinder in Lagergetreide 68
Stoppelendenglätter 69
Garbensammler und Garbentrenner 70
Mit Zapfwelle angetriebene Mähbinder 72
Mehrere Mähbinder hinter einer Zugmaschine 74
Mähbinder mit aufgesatteltem Motor 76
Plattformmähbinder, Eintuchmähbinder 77
Firmen 80

Hans W. Mattig
DIE ENTWICKLUNG DES MÄHDRESCHERS

Erste Anfänge in den Vereinigten Staaten 88
Mähdrescherentwicklung in Europa 89
Unterschiedlicher Getreideanbau in USA
und Europa 90
Stiftentrommel und Schlagleistentrommel 90
Erste Mähdrescherentwicklung bei zwei
deutschen Firmen 91
Mähdrescherentwicklung bei den
Deutschen Industriewerken 91
Mähdrescherentwicklung bei der Firma Claas 91
Intensive Entwicklungsarbeiten bei Claas 92
Neue Verkaufsmethoden und Betreuung
der Kunden 94
Die Mähdrescherentwicklung nach dem Krieg 94
Mähdrescher für verschiedene Ernteverfahren 95
Abbildungen 97

Manfred Baedeker
DER MODERNE MÄHDRESCHER
Dreschen und Kornabscheidung 120
Das Schneidwerk 121
Die Reinigung 123
Der Fahrer bestimmt die Leistung 124
Der Mähdrescher mißt den Ertrag 125

Literaturverzeichnis 128

VORWORT

„Dann wullt wie in Guots Namen datt Düvelsdingen laupen louten!“ Dies war der Ausspruch meines Vaters, wenn wir gemeinsam den Mähbinder für die beginnende Erntezeit hergerichtet hatten und begannen, mit ihm zu arbeiten: Dann wollen wir in Gottes Namen das Teufelsding laufen lassen! Mit diesem Spruch sollte die Hoffnung ausgedrückt werden, daß bei der komplizierten Maschine alles funktionieren würde. Mit „Düvelsdingen“ wurde nicht etwas Geheimnisvolles oder Undurchschaubares angedeutet, sondern die Kompliziertheit der Maschine, an der jederzeit etwas nicht in Ordnung sein konnte. Dabei ist sofort zu sagen, daß bei dem komplizierten Mechanismus und den hohen Anforderungen die Maschine selten *nicht* funktionierte. Ansonsten war mein Vater bestimmt kein „Kostverächter“, wenn es um Technik ging.

Mit dem Wort „Dann wullt wie in Guots Namen datt Düvelsdingen laupen louten“ im Sinn möchte ich diese Maschine nicht noch einmal in Wirklichkeit in der Ernte laufen lassen, sondern einen Rückblick geben über ihre Geschichte und Funktion. Sie war eine der kompliziertesten und wunderbarsten Erntemaschinen einer vergangenen Zeit. Viele ältere Menschen werden sie noch kennen.

Um den Mähbinder auch unter schwierigsten Bedingungen arbeiten lassen zu können, mußte man sich in ihn hineindenken, ihn zu verstehen und ihn zu durchschauen suchen. Die vielfältigen Einstellmöglichkeiten kamen nur dem zugute, der seine Wirkungsweisen begriff. Keine andere Maschine hatte eine höhere Bedeutung für die Ernte in der Landwirtschaft als die Getreidemähmaschine. Die Ernte war Ziel des ganzen Betriebes: sie mußte die Mühen eines Jahres krönen, und konnte dieses nur, wenn sie gut und sicher beendet wurde. Zu keiner Zeit des Jahres beeinflußte das Wetter den Ablauf der Arbeit so stark wie in der Ernte. Auch wurde die Ernte wegen Arbeitskräftemangel ein Wettlauf mit der Zeit. Der Mähbinder nahm dem Landwirt diese Not, besiegte Schwierigkeiten des Mangels an Zeit und Arbeitern und machte ihn mehr als jede andere landwirtschaftliche Maschine unabhängiger.

Die Vielzahl von Begriffen für diese Erntemaschine, wie „Getreidemäher“, „Garbenmäher“, „Bindemäher“, „Garbenbinder“, „Selbstbinder“, „Mähbinder“, „Gespannbinder“, „Schlepperbinder“ oder „Zapfwellenbinder“ ist etwas verwirrend. Im weiteren Textverlauf wird daher nur der Begriff „Mähbinder“ gebraucht. Aus der Wortbildung ergibt sich, daß zuerst gemäht und dann gebunden wurde.

Der „Mähbinder“ kann von einem Kuh-/Pferdegespann oder von einem Schlepper gezogen werden. Der Antrieb erfolgt über ein Bodenrad, einen aufgesattelten Motor oder über eine vom Schlepper angetriebene Zapfwelle. Er bleibt aber immer ein Mäh„binder“. Auch soll über die Anfänge der Erntetechnik berichtet werden, wie die ersten Mähgeräte mit Handablage und dann die Selbstableger funktionierten, und über die fast gleichzeitige Entwicklung der Mähdreschertechnik.

So erstaunlich es sich auch anhört, soll das erste Patent schon 1828 in Kalifornien vergeben worden sein, also kurz nachdem die erste Mähmaschine erfunden wurde. Es entstand sofort die Idee, die vorhandenen Dreschmaschinen mit Schneidwerken auszurüsten, um mehrere Arbeitsgänge, die immer mit sehr viel Handarbeit verbunden waren, zusammenzufassen wie: Garben zu binden, aufzustellen, einzufahren, zwischenzulagern und erst später zu dreschen. Von diesen ersten Ideen bis zu brauchbaren Mähdreschern hat es noch weitere Jahre gedauert. Die Schwierigkeit bestand auch darin, daß noch keine Zugmaschinen mit Verbrennungsmotor vorhanden waren. Diese ersten Mähdrescher mußten noch von einer großen Anzahl Zugtieren gezogen werden.

Hans W. Mattig (Landwirtschaftskammer Westfalen-Lippe) beschreibt in seinem Beitrag diese angedeutete technische Entwicklung des Mähdreschers von den ersten Anfängen bis zur Gegenwart.

Die Entwicklung steht nicht still. Darum hat Manfred Baedeker von der Firma Claas weitere technische Verbesserungen an Mähdreschern aufgezeigt. Er berichtet auch über mit Hilfe von Satelliten erkundete gute oder schlechtere Bodenbedingungen und die dadurch unterschiedlichen Erträge bei der Getreideernte. die jeweiligen Erträge pro Fläche werden dabei genau registriert, damit man mangelhafte Stellen bei späteren Düngungen bedarfsgerecht behandeln kann.

Alfons Eggert

„So jemand bewirkt, daß dort zwei Halme wachsen, wo zuvor nur einer stand, hat mehr für das Vaterland getan als ein General, der eine siegreiche Schlacht schlug.“

Friedrich der Große (1712–1786)

MÄHMASCHINEN

Von Alfons Eggert

Geschichtlicher Rückblick

Seit Menschengedenken wurde Getreide nur mit der Sichel oder der Sense geschnitten. Es läßt sich aber aus Bruchstücken eine Erntemaschine rekonstruieren, die zur Römerzeit in Gallien verwendet wurde. Die Ähren wurden über die Zahnkante in den Sammelbehälter gebrochen; dies war nur bei überreifem Korn möglich.

Solche Versuche, mit schneepflugähnlichen Sammelbehältern die Ernte zu bewältigen, hatten keinen großen Erfolg, weil man die hin- und hergehenden Messer noch nicht kannte. Erst als der schottische Pfarrer Bell im Jahre 1826 solche Messer erfunden hatte, konnte man Erntemaschinen konstruieren. Es war ein bahnbrechender Einfall.

Ebenso erfand Bell die Haspel, die das Getreide dem Messer zuführte. Aufgrund dieser Erfindung baute er eine Getreidemähmaschine. Da die Wirtschaftlichkeit wegen zu billiger Arbeitskräfte noch nicht gegeben war, scheiterte Bell. Ein Exemplar seiner ersten Mähmaschine steht im Science-Museum in London.

Ein paar Jahre später, 1831, machte sich der Amerikaner Cyrus Hall McCormick die Erfindungen von Bell zunutze und baute die erste brauchbare Getreidemähmaschine der Welt. Sein späterer Erfolg beruhte auf ausdauernder Zähigkeit und großer Willenskraft.

Die ersten Mähmaschinen wurden von Pferden geschoben und in das Getreide hineingestoßen. Ab 1851 machte McCormick die Maschinen noch brauchbarer durch die Anordnung der Zugvorrichtung auf der Seite, so daß die Pferde jetzt die Maschinen ziehen konnten. Mc Cormick hatte zur Weltausstellung im Jahre 1851 im Crystal Palace in London seinen Getreidemäher ausgestellt und errang den höchsten Preis, die Council Medal. Im Jahre 1852 wurde von McCormick der erste Getreidemäher in Deutschland eingeführt. Zur Londoner Weltausstellung im Jahre 1862 stellte McCormick die vierzigtausendste Getreidemähmaschine, die in seiner 1847 erbauten Fabrik hergestellt war, aus. Bei der landwirtschaftlichen Ausstellung 1863 in Hamburg war es die achtundvierzigtausendste Mähmaschine. Ein anderer Hersteller, Walter A. Wood, aus dem Staate Illinois, wo auch McCormick seine Fabrik hatte, hat in drei Jahren über 12 000 Maschinen geliefert. Außer diesen beiden großen Firmen gab es noch eine große Anzahl anderer Erntemaschinenfabriken.

Zunächst wurden die Maschinen zum größten Teil noch aus Holz gefertigt, wodurch auch schnellere Konstruktionsänderungen möglich wurden. Unterschiedlichste Formen traten zutage. Teils fiel das Getreide in Schwaden, so wie es geschnitten wurde, und mußte von Hand zu Bündeln zusammengerafft werden. Bei anderen Geräten sorgte ein zweiter Mann auf der Maschine sitzend oder stehend für das „Ablegen“ des Getreides jeweils in der Menge einer Garbe. Bald wurden von dem Amerikaner Atkins automatische Ablegemaschinen erfunden, die von McCormick verbessert wurden. Bei diesen Maschinen haben schwenkende oder rotierende Arme, mit Rechen versehen, das Getreide jeweils in der Menge einer Garbe von einer Plattform abgestreift. Aber immer noch mußte das Getreide von Hand gebunden werden. Die Victoria-Mähmaschinen von Samuelson in England galten als die besten Maschinen der damaligen Zeit.

1 Rekonstruierte Darstellung einer Mähmaschine, die zur Römerzeit in Gallien verwendet wurde.

2 Relief einer keltischen Erntemaschine aus der Umgebung von Trier.

Es blieb aber noch viel Spielraum für neue Erfindungen. Im Jahre 1857 erfand der 18jährige Farmarbeiter John F. Appleby in Whitewater in Wisconsin den Knoter. Aber es hat noch einige Jahre gedauert, bis der Knoter in eine Getreidemähmaschine eingebaut wurde. So entstand der „Mähbinder".

Die Firma Deering in Chicago baute 1872 den ersten. Die Aufgabe, die die Firma zu lösen hatte, war nicht einfach. Der Mähbinder mußte Roggen von mehr als 2 m und Sommergetreide von weniger als 1 m Halmlänge in dichten und weniger dichten, oft unvermittelt wechselnden Beständen mähen und besser aufbinden als es von Hand möglich war. Bei jeder Halmlänge mußte mittig und nicht zu stramm und nicht zu locker gebunden werden. Aufrecht stehendes, von Sturm und Regen durcheinander gewirbeltes, liegendes und von Unkraut durchwachsenes Getreide mußte gebunden werden, bergauf und bergab, bei windigem Wetter und unter sonstigen Erschwernissen. Der Mähbinder stellte, da er weitgehend verstellbar und anpassungsfähig sein mußte, ein höchst verwickeltes Gebilde dar, das sich bei gänzlich unsymmetrischer Gestaltung durch Kühnheit der Konzeption und Vielseitigkeit auszeichnete. Für Jahrzehnte war der Mähbinder jetzt die größte Erfindung der Erntetechnik.

Am 12. August 1902 haben sich fünf Landmaschinenfirmen, darunter die beiden größten, McCormick und Deering, zur International Harvester Company (IHC) verbunden. C. Hall McCormick jun. wurde der erste Präsident der Harvester Company. Diese fünf Firmen vereinigten 85 Prozent der gesamten US-Produktion an Erntemaschinen. Dieser Zusammenschluß währte aber nicht viele Jahre – nur McCormick und Deering blieben zusammen. Nicht daß diese Firmen jetzt ein Einheitsmodell herausbrachten, sondern jede Firma baute ihren eigenen Mähbinder, sogar in der gemeinsamen Fabrik in Neuß am Rhein.

Seit diesen ersten Anfängen hatte sich auch in Deutschland die Nachfrage nach McCormick-Erntemaschinen von Jahr zu Jahr gesteigert und einen solchen Umfang erreicht, daß die IHC im Jahre 1909 eine Fabrik in Deutschland errichtete. Nach sorgfältiger Prüfung wurde Neuß am Rhein als der geeignetste Platz für den Bau der Fabrik gewählt und zwar wegen der Nähe der deutschen Rohstoffgebiete und der günstigen Lage für Schiffsverladungen. Seit dieser Zeit wurden in den IHC-Werken in Neuß Hunderttausende von McCormick-Erntemaschinen von Grund auf hergestellt. Nicht nur der Inlandsbedarf von Erntemaschinen wurde von den Neußer Werken gedeckt, sondern durch die weltumfassende IHC-Organisation wurden der deutschen Wirtschaft auch bedeutende Exportlieferungen zugeführt. So wurden von Neuß aus Erntemaschinen in alle europäischen Länder und nach Übersee geliefert. Alle von IHC in Neuß hergestellten Erntemaschinen waren ausschließlich aus deutschem Material und somit „Deutsches Erzeugnis".

Ab 1900 baute Fahr in Gottmadingen als erste deutsche Firma Gespannmäher mit Getreide-Handablage. Ab 1911 wurden rechtsschneidende Mähbinder und wenig später auch linksschneidende Mähbinder gebaut. Nach dem Ersten Weltkrieg kam es am 2. September 1919 zum Abschluß eines Vertrages zwischen den Firmen Fahr Gottmadingen und Friedrich Krupp AG Essen. Damit begann eine bis 1926 andauernde enge Zusammenarbeit in Herstellung und Vertrieb von Landmaschinen.

Krupp baute 1927 den ersten Mähbinder mit Zapfwellenantrieb. Fahr begann 1936 mit dem Bau schleppergezogener Zapfwellen-Mähbinder.

Viele deutsche Firmen begannen nach dem ersten Weltkrieg mit der Produktion von Getreideerntemaschinen. Neben den schon erwähnten waren es: Lanz-Wery, Zweibrücken; Fella, Feucht bei Nürnberg; Bautz, Saulgau; Deutsche Industriewerke (DIW), Spandau; Deutsche Werke AG, Wilmersdorf; H. F. Eckert, Berlin; Eyth-Lesser Maschinenfabrik AG, Berlin; Rheinmetall-Handelsgesellschaft mbH, Berlin; Hannoversche Eisengießerei und Maschinenfabrik AG, Hannover.

Aufgezählt werden hier auch die amerikanischen Firmen: McCormick, Chicago, Illinois; Deering, Chicago, Illinois; Warder, Bushnell & Gleßner Company in Springfield, Ohio und Chicago, Illinois; Milwaukee in Milwaukee, Wisconsin; Massey-Harris Co. Ltd. in Toronto, Brantford, Woodstock und Hamilton, Canada; Plano-Manufacturing Company in West-Pullmann, Chicago, Illinois; Walter A. Wood, New York.

Um die Jahrhundertwende hatte sich in den USA die Bauart des Deering-Mähbinders weitgehend durchgesetzt.

Der Gebrauch von Mähbindern endete dort etwa 1940, in Europa erst 20 Jahre später etwa 1960. Millionen von Getreideerntemaschinen eroberten sich die Getreidefelder in aller Welt und erschlossen Kontinente. Diese Geräte und Maschinen zur Einbringung der Ernte wurden von den großen Mähdreschern abgelöst und haben nur noch historische Bedeutung.

3 Roggen kurz vor der Ernte.

Patrick Bell

4 Reverend Patrick Bell, der Erfinder der Mähmaschine. Jahrelang arbeitete Bell heimlich in einem Schuppen an seiner Erfindung, bis es ihm im Jahre 1826 bei einem nächtlichen Versuch im Mondschein glückte, Getreide zu mähen. – Die frühesten amerikanischen Maschinen waren Kopien der Bellschen Maschine, deren Pläne 1828 im „Quarterly Journal of Agriculture" erschienen waren.

5 Die Original-Mähmaschine von 1826, wie sie jetzt im Londoner Science-Museum steht.

6 So kann man sich die ersten Getreidemähmaschinen bei der Erntearbeit vorstellen.

Das Bild rechts zeigt die Original-Mähmachine, wie sie 1826 von dem Geistlichen Patrick Bell erfunden wurde – mit einer Änderung: bevor die Maschine im Jahre 1868 nach Kensington zurückgebracht wurde, war der Schneidemechanismus in der heute noch erhaltenen Form geändert worden.

In der ursprünglichen Konstruktion wurde das Mähen durch eine Reihe doppelschneidiger Scherblätter bewerkstelligt, wobei das bewegliche Blatt eines jeden Paares durch eine gemeinsame Verbindungsstange in Gang gebracht wurde. Diese Stange wurde angetrieben von einer Kurbel, die wiederum mit Hilfe der sich drehenden Räder bedient wurde. Die Maschine soll durchschnittlich 1 Morgen pro Stunde gemäht haben – ein beachtlicher Erfolg.

Die Maschine bestand aus einem offenen Holzrahmen, der von 2 großen Antriebsrädern und 2 kleinen Vorderrädern getragen wurde, die die Schneideblätter direkt stützten. Sie wurde vorwärts bewegt von 2 Pferden, die hinter ihr herliefen und ihre Kraft auf eine Deichsel übertrugen, die die Maschine vor ihnen herschob. Die Lenkung wurde bedient vom Fahrer mit Hilfe einer Stange, die mit der Pferde-Deichsel verbunden war. Oberhalb des Schneidemechanismus befand sich eine rotierende Haspel oder ein Sammler, der das Getreide stützte und beim Mähen nach rückwärts bog auf eine schräg geneigte Auffangschürze, mit deren Hilfe das Korn in eine Schwade an der Seite der Maschine befördert wurde. Das Schürzengetriebe war umschwenkbar, so daß die Maschine beidseitig bedient werden konnte.

5

6

8

Aus den Anfängen der Technisierung

7

9

7 Mähmaschine mit selbsttätiger Ablegevorrichtung (Burgeß & Key). So ungeschlacht sie vielleicht auch aussah, so sicher und schön anzusehen arbeitete sie, wenn das Getreide stand. Mit dieser von zwei Pferden gezogenen Maschine wurden täglich 20–25 Morgen geschnitten. Bei einer so großen Fläche war es zweckmäßig, die Pferde zu wechseln.

8 Eine automatische Mähmaschine, welche die menschliche Handarbeit nachahmen sollte – eine Erfindung des Amerikaners Atkins. Sie wurde später von McCormick übernommen und verbessert.

9 Bei dieser Getreidemähmaschine fiel das Getreide auf eine Plattform, welche drei durchgehende Einschnitte hatte. In jedem dieser Einschnitte liefen drei gekrümmte, nach oben gebogene Zinken. Wenn sich die für eine Garbe ausreichende Schnittmenge gesammelt hatte, bediente ein Arbeiter von seinem Sitz aus ein Hebelwerk, welches die Getreidehalme von der Plattform abstreifte. Beim Zurückschieben der drei Zinken in den Einschnitten der Plattform, klappten diese, an Schanieren befestigt, wie Taschenmesser zusammen, und richteten sich erst am anderen Ende wieder auf (Cournier St. Romans, Frankreich).

10

11

10 Eine Neuigkeit im landwirtschaftlichen Maschinenwesen war eine Getreidemähmaschine von R. Hornsby & Sons, England, die auf der internationalen Kölner Ausstellung im Jahre 1865 gezeigt wurde. Bei dieser Maschine mit einer selbsttätigen Ablegevorrichtung hat man das Endlostuch des Schotten Bell übernommen, jedoch mit bedeutenden Verbesserungen: Die Pferde schoben nicht hinten, wie bei der schottischen Maschine, sondern konnten wie bei anderen Maschinen vorn und seitwärts ziehen. Die Maschine legte die Schwaden im rechten Winkel und in gerader Linie ab. Sie sonderte genau die Lagen der geschnittenen Schwaden von den stehenden Halmen ab. Das gesamte Gewicht der Maschine betrug nur 550–600 kg, sie hatte einen leichten Zug und ließ die Pferde nicht so schnell ermüden.

11 Eine von McCormick gebaute Mähmaschine, die ab 1852 mit einer selbsttätigen Ablegevorrichtung ausgerüstet wurde.

12 Eine Mähmaschine ohne Bindeapparat, jedoch mit einer Standfläche für zwei Mann, die das geschnittene Getreide aufnahmen und sofort von Hand zu Garben banden. Bei einer geringen Schnittbreite war das Binden von zwei Mann wohl zu bewältigen.

13 Rund 100 Jahre später: Ein Schwadenmäher der Firma Fahr mit der gleichen Wirkung früherer Maschinen. Der Vorteil einer solchen Maschine lag darin, daß unreifes oder mit Grünzeug durchwachsenes Getreide auf den hoch abgeschnittenen Stoppeln lag und einige Tage nachtrocknen konnte. Anschließend nahm ein Mähdrescher das Mähgut auf und drosch es aus.

12

13

14

14 Die Mähmaschine von Manny aus Rockford (Illinois, Amerika) ist zwar eine Nachahmung der McCormickschen Maschine, unterscheidet sich aber von ihr in der Konstruktion des Schneidwerkes. Der Kutscher konnte von seinem Sitz aus das Schneidwerk mittels eines Fußhebels heben oder senken. Ein zweiter Mann stand auf der Plattform und streifte mit einer Gabel das Getreide ab.

15 Im Jahrbuch der Deutschen Landwirtschafts-Gesellschaft von 1890 steht folgender Bericht des Ökonomierats Neuhauß über seine Erfahrungen, die er in Kalifornien mit Getreideerntemaschinen machte.

Über Selbstbinder und Prüfung derselben, sowie der Getreide-Mähmaschinen durch die Deutsche Landwirtschafts-Gesellschaft.

Ökonomierat Neuhauß-Selchow (Brandenburg.) Meine Herren, ich will Ihnen keine lange Rede halten. Die Notwendigkeit, Mähmaschinen anzuwenden, wird sich steigern, je schwieriger die Arbeiterverhältnisse bei uns werden. Daß es bisher im allgemeinen teurer gewesen ist, mit Maschinen zu arbeiten, ist ganz außer Frage. Indessen tritt die Notwendigkeit an uns heran, denn es wird sich nicht mehr darum handeln: ist die Arbeit teurer, sondern: ist die Ernte überhaupt zu machen? Nun sind gute Mähmaschinen schon vorhanden, aber je vollkommener sie sind, um so mehr erfüllen sie ihren Zweck, und deswegen ist besonderes Gewicht darauf gelegt, daß sie mit Garbenbindern versehen sind. Ich kann Ihnen aus Kalifornien berichten, daß das Getreide mit derselben Maschine sofort gemäht, gedroschen und gesackt wird. Ich habe in Dacota 200 Maschinen gesehen, die mit vollkommenen Bindevorrichtungen versehen waren; die Komposition mit guten Garbenträgern war der Gegenstand der Erfindungen in jedem Jahr. Unter diesen 200 Maschinen habe ich nur ein System gefunden, welches mich befriedigt hat, und welches damals das vollkommenste war.

Ich möchte vorschlagen, daß Mähmaschinen mit Bindevorrichtungen und Garbenträgern unter allen Umständen in erster Linie zugelassen werden, daß aber die Garbenbinder, wenn sich davon sehr viele melden sollten, doch nur in begrenzter Zahl angenommen werden können, denn wenn größere Versuche, wie in Hildesheim, angestellt werden sollen, dann würde die Sache doch sehr teuer. Ich möchte Sie bitten zu genehmigen, daß die Konkurrenz der Mähmaschinen mit Garbenbindern und -Trägern in dieser Weise acceptiert wird, und daß Mähmaschinen mit Garbenbindern nur in einer bestimmten Zahl zugelassen werden. Die große Wichtigkeit der Garbenträger fällt recht auf, wenn man in Distrikte hineinkommt, in denen wieder ohne Garbenträger gearbeitet wird. Es gibt wenige Maschinen, die imstande sind, 8 Garben zugleich gut aufzunehmen und sorgfältig abzulegen.

(An der dem Vortrage des Herrn Berichterstatters folgenden Besprechung beteiligten sich: der Vorsitzende, Ingenieur Zeitschel-Berlin, Professor Dr. Wüst-Halle, Benecke-Athensleben und Ökonomierat Neuhauß-Berlin.

Eine Prüfung von Garbenbindern wurde allseitig für wünschenswert erklärt. Auch konnte der Vorsitzende mitteilen, daß die Gesellschaft finanziell und in anderer Beziehung in der Lage sein werde, eine solche Prüfung, neben der bereits beschlossenen Prüfung von Samenreinigungsmaschinen im Jahr 1891 abzuhalten. Eine lebhafte Erörterung rief die Fassung des Antrags hervor, welcher eine Beschränkung der zuzulassenden Garbenbinder bezweckte. Eine solche wurde im allgemeinen als nicht zulässig erklärt, und schließlich der folgende Beschluß einstimmig angenommen:

„Die Geräteabteilung beschließt, an das Direktorium der Gesellschaft das Ersuchen zu stellen, für die Getreidemähmaschinen mit Selbstbindern und mit und ohne Garbenträger, eine Hauptprüfung im Jahr 1891 zu veranstalten."

Schiebemäher

In den Ländern mit einem extensiven Getreideanbau ging die Entwicklung weiter. Zum Mähen größerer Schnittbreiten waren nämlich die seitlich schneidenden Maschinen nicht geeignet, weil der Hebelarm zu groß wurde. Die Amerikaner bauten daher Maschinen, die von hinten in das Getreide gestoßen wurden und die Frucht in einer Stoppelhöhe von 30 bis 50 cm schnitten, in der Hauptsache also nur die Ähren. Diese Maschinen nannte man Header oder Ährenschneider. Sie hatten eine Arbeitsbreite von 10 bis 12 Fuß. Mit einer Maschine wurden 12 bis 15 ha am Tag bewältigt. Die Höhe der Messer konnte je nach dem Stand des Getreides eingestellt werden. Man fuhr mit einem Ährenwagen neben dem Ährenschneider her; über ein Förderband fiel das abgeschnittene Getreide in den Kastenwagen hinein, wodurch die Arbeit des Bindens und Aufstellens entfiel. In manchen Gegenden, wo Stroh gebraucht wurde, befestigte man statt des Förderbandes einen Binder an der Maschine, so daß der Header als Mähbinder arbeitete (Schiebebinder, Pushbinder). – Diese großen Schiebemäher eigneten sich nicht für unsere europäischen Bedingungen.

Zum Ende der Mähbinder-Ära wurden noch kleine Frontmäher gebaut, die aber auch bald von Mähdreschern abgelöst wurden. Diese vereinfachten Konstruktionen erreichten unter sehr schwierigen Lagerfruchtbedingungen nicht den Erfolg wie die Standard-Bauarten. Meist wurden sie in kleineren Betrieben eingesetzt, die sich auf das Mähen an einer Seite beschränkten.

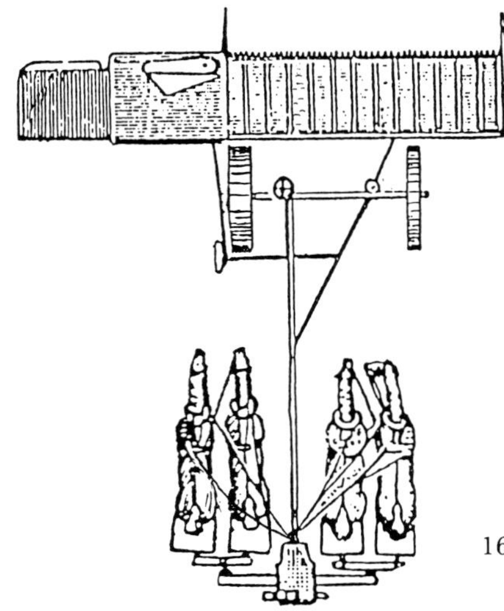

16

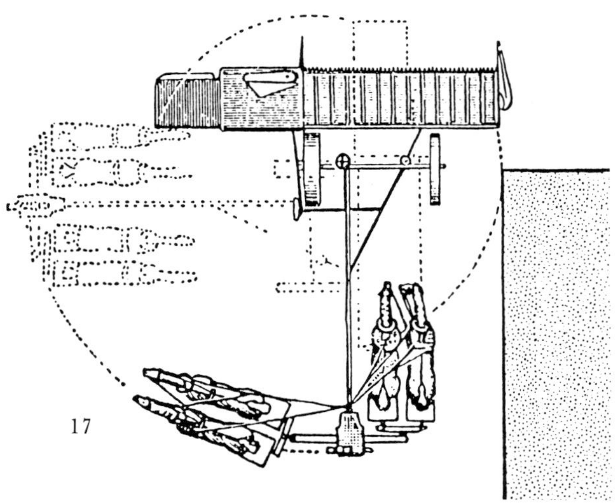

17

16 Zeichnerische Darstellung eines Frontmähers mit Pferdeanspannung zum Schieben der Maschine.

17 Maschine beim Wendemanöver.

18 Schiebemähbinder mit 10 bis 12 Fuß Schnittbreite und einer Tagesleistung von 14 bis 16 ha (Deering-Katalog, Chicago 1915).

19 Ein Versuchsmodell von McCormick: Ein Mähbinder als Schiebemäher, angetrieben von einem auf dem rückwärtigen Teil befindlichen Motor. Diese Maschine ist mit Garbensammler ausgerüstet.

20 Rapid-Mähbinder als Frontmäher – ein Schweizer Fabrikat (1964). Diese Maschine war zum Mähen von kleinen Parzellen und zum Mähen am Hang bestens geeignet. Das geschnittene Getreide wurde stehend gebunden und in Garben nach hinten abgelegt. Bedient wurde diese Maschine von einem Mann.

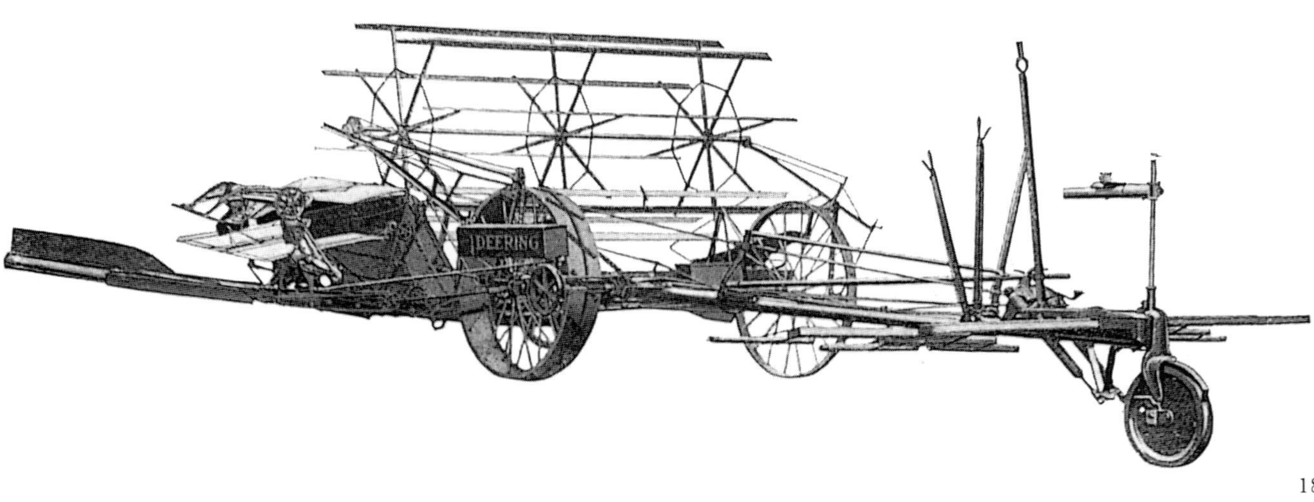

18

19

20

21

22

Mähmaschinen mit Anhaublech

Einfache Grasmäher konnten auch zum Mähen von Getreide gebraucht werden, wenn ein Anhaublech an den Mähbalken angebracht wurde. Wie beim Mähen mit der Sense wurden die abgeschnittenen Halme gegen das noch stehende Getreide angelehnt. Anschließend wurde das Getreide von 8 bis 10 Frauen aufgenommen, gebunden und fortgeschafft, damit die Bahn wieder frei war für die nächste Fahrt.

Bei einer Prüfung auf einem Rittergut in Ostpreußen (im Jahre 1925) ergab sich, daß dieses rationelle Arbeiten den Kostenaufwand um ein beträchtliches Maß mindern konnte.

Da der Schneidebalken zum Schneiden von Gras gebaut war und dicht auf dem Boden lag, eignete er sich nur zweitrangig zum Mähen von Getreide. Durch Steine, Erde und Maulwurfhaufen wurden die Messer eher stumpf, als wenn höhere Strohstoppeln von etwa 10 cm Höhe stehenblieben.

Zwei Bilder vom Mähen mit der Sense verdeutlichen noch einmal die schwere Handarbeit.

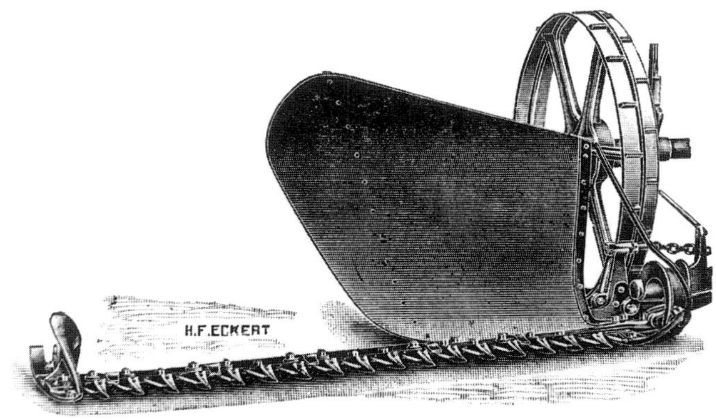

23

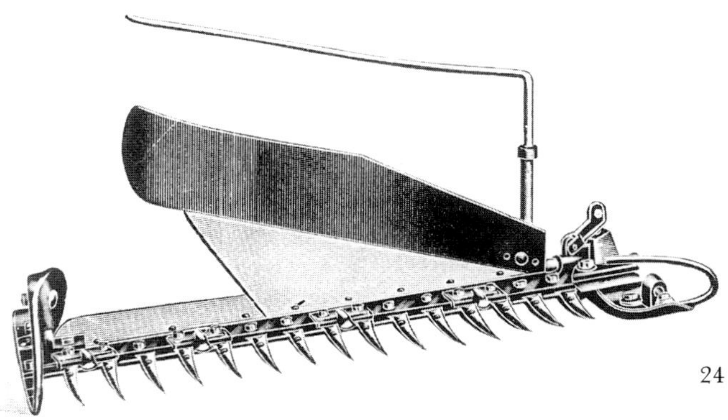

24

25

26

21 Der Roggen wurde in Schwaden von stehendem Getreide weg gemäht. Es wurde auf Vorrat gemäht. Die Schnitter konnten in der Tagesfrühe anfangen, und die Frauen brauchten erst später mit dem Aufnehmen und Binden der Garben beginnen.

22 Hier wurde zum Getreide hin gemäht. Die Binderinnen mußten sofort dem Schnitter folgen, damit die Bahn für den nächsten Schnitt wieder frei wurde.

23 Grasmäher mit Anhaublech (Eckert).

24 Grasmäher mit Anhaublech (Lanz-Wery).

25 Motor-Getreidemäher als Frontmäher mit Anhaublech für 1420 RM komplett (Iruswerke Dusslingen 1931).

26 Grasmäher mit Anhaublech (Krupp).

Zum Bild auf der nächsten Doppelseite:
27 Bis zum Beginn des Mähdreschzeitalters sahen die Getreidefelder während der Erntezeit so aus. Alle Garben wurden zu Hocken in Handarbeit zum Trocknen aufgestellt, ehe sie eingefahren wurden.

28

28 Mähmaschine mit Handablage des Getreides. Die Ablage wird bewerkstelligt durch einen Lattenrost hinter dem Messerbalken, der von einem zweiten mitfahrenden Mann mit dem Fuß schräg hoch- und wieder heruntergeklappt werden kann.

29 An diesem Mähmaschinentyp befand sich eine Haspel, die das Getreide auf den Lattenrost legte. An diesem Haspel war *eine* Latte größer als die anderen. Bei jeder Umdrehung streifte diese größere Latte das Getreide nach hinten ab. Zur Bedienung genügte eine Person.

30 Zeichnerische Darstellung einer Mähmaschine mit Handablage und einer Garbenbinderin (IHC McCormick).

31 Mähmaschine mit breitschneidigem Schneidwerk (Eckert).

29

Grasmähmaschinen mit Handablage

Die Grasmähmaschine eignete sich nicht ohne weiteres zum Mähen von Getreide, weil die Zugtiere auf die gemähten Schwaden traten und dadurch Körnerverluste verursachten. Sie ließ sich jedoch durch Auswechseln und Hinzufügen einiger Teile für diesen Zweck einrichten und ersparte so kleineren Betrieben die Anschaffung einer zweiten Maschine. Dagegen benötigte man aber mehr Bedienungspersonal als bei einer eigentlichen Getreidemähmaschine mit Selbstablage. Der wichtigste Teil eines Grasmähers mit Handablage war eine hinter dem Messerbalken befindliche schräge Lattenplattform, auch einfach Lattenrost genannt. Dieser Lattenrost bestand aus etwa 10 bis 15 Latten, je nach Schnittbalkenlänge. Neben dem Gespannführer war ein zweiter Sitz angebracht, auf dem eine Person saß, die den Lattenrost mit einem Fuß aufrichten oder senken konnte und einen Handrechen führte. Der aufgerichtete Rost sammelte die abgeschnittenen Getreidehalme. Genügte die Getreidemenge zur Bildung einer Garbe, so wurde der Rost gesenkt und das Getreide mit dem Handrechen „abgelegt“, das heißt: man schob das Getreide mit einem Rechen nach hinten und ließ es von der Lattenplattform abgleiten. Am äußeren Ende des Messerbalkens befand sich eine Vorrichtung zum Abteilen der Getreidehalme, die das gemähte Getreide an der Grenze von dem Stehenden gut trennte und etwa überhängende Halme etwas aufrichtete. Vor dem folgenden Umlauf der Maschine um das Getreidefeld mußten die Garben gebunden und zur Seite geschafft werden, wozu gewöhnlich 5 Personen genügten. Je mehr Messerschnitte auf eine Umdrehung des Fahrrades kamen, um so sauberer wurde der Schnitt und um so langsamer konnten dann auch die Tiere gehen.

30

31

Mähmaschine mit Sammelkasten

32/33 Eine andere Maschine für dünn stehendes Getreide, wie etwa in der amerikanischen Prärie, besaß einen Sammelkasten, in dem bei einer längeren Fahrtstrecke das Getreide gesammelt werden konnte. Bei dieser Handhabung wurde nur eine Person benötigt. Hinter dem Schneidebalken befand sich ebenfalls ein Lattenrost. Um diesen Lattenrost war ein Blechrahmen gelegt, der am vorderen und hinteren Ende des Schneidebalkens beweglich befestigt war. Am Ende des Lattenrostes hatte dieses Blech eine Höhe von ca. 40 cm. Sobald sich dieser Behälter mit dem dünn stehenden Getreide gefüllt hatte, wurde durch Bedienung eines Fußhebels das Blech am hinteren Ende hochgehoben, wodurch das Getreide über den Lattenrost nach hinten abgleiten konnte. Bei dünn stehendem Getreide wurde kein Außenteiler benötigt.

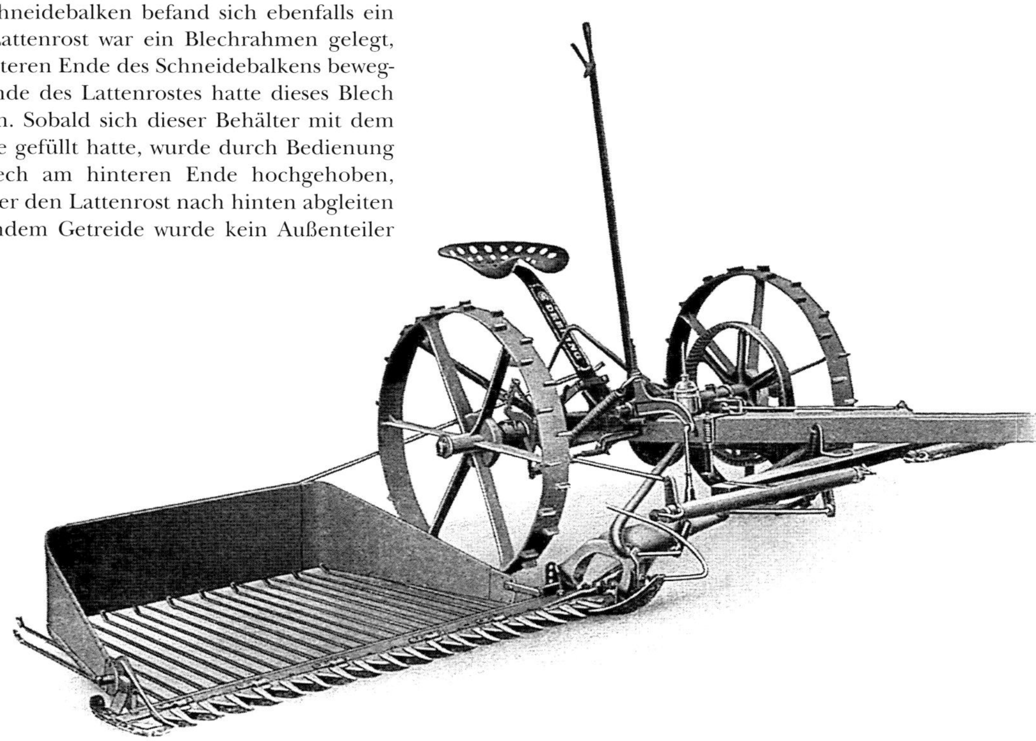

32

33

Mähmaschine als Selbstableger

Im Unterschied zu der Arbeitsweise einer Maschine mit Handablage hatte die Ablegemaschine außer der Schneidevorrichtung noch Einrichtungen zum Zuführen, Sammeln und selbsttätigen Ablegen des Getreides. Die Maschine legte das Getreide in einzelnen Haufen seitlich der Fahrbahn ab, so daß Platz für die nächste Fahrt entstand. Zur Bedienung genügte eine Person. Der Fahrersitz befand sich zum Gewichtsausgleich außerhalb der Maschine.

Die Maschine wurde von einem Hauptrad und einem kleinen, dicht am Getreide laufenden Rad getragen, zwischen denen sich der gußeiserne Rahmen und ein etwa viertelkreisförmiger hölzerner Sammeltisch befand. Der Messerbalken war stärker ausgebildet als bei einer einfachen Mähmaschine, weil dieser als Träger für die Plattform diente. Am äußeren Ende der Plattform befand sich der Abteiler, der die abzuschneidenden Halme von den anderen trennte. Ein gebogener Abweisestab unterstützte diese Wirkung. Auf der anderen Seite befand sich ein hohes, nach vorn spitz zulaufendes Blech, welches verhinderte, daß Getreide in das Getriebe geriet und welches überhängende Halme anhob, damit ihre Ähren nicht abgeschnitten würden. Am Ende der Plattform konnte ein über die ganze Breite reichender Körnersammler angebracht werden. Er bestand aus einer oben durch ein Sieb oder durch Flachstäbe abgedeckten verzinkten Blechrinne, in der beim Ablegen sehr viele ausgefallene Getreidekörner und Unkrautsamen sowie Insekten gesammelt wurden. Von der Maschinen-Prüfungsstation in Leipzig wurde solcher Körner- und Samenfänger sehr günstig beurteilt und wie folgt beschrieben: „Der Fangapparat läßt sich an jeder Mähmaschine, ganz gleichgültig, welches System es auch sei, leicht anbringen." Bei der Prüfung ergab sich, daß 77 kg reine Unkrautsamen auf 1 ha von einem Weizenfeld gesammelt wurden, bei Hafer sogar 90 kg von 1 ha bei einer gringen Verunkrautung des Getreidefeldes. Wie vorteilhaft mußte sich hiernach ein Fanggerät erst auf einem wirklich verunkrauteten Feld erweisen.

Das Hauptrad lief zur Verminderung der Reibung auf einem Rollenlager. Auf der Lauffläche waren Profilstege, die das seitliche Gleiten verhindern sollten, angebracht. Der Maschinenrahmen trug den Antrieb für die Kurbelwelle und für die Welle, welche die Rechenarme rotieren ließ. Die Rechen waren in Gelenken an einem gemeinsamen Gußstück verschraubt und mit Führungsrollen versehen, die auf einer Kurvenbahn liefen. Diese zwang die Rechen, deren senkrechte Antriebswelle sich langsam dreht, vor der Maschine in das Getreide einzutauchen und die Halme dem Schneidwerk zuzuführen. Sobald sich ein Rechen über das letztere hinwegbewegt hatte, wurde er, da die Kurvenbahn sich in zwei Wege teilte, entweder dicht über den Tisch entlang geführt, wobei er die Garbe ablegte, oder gezwungen, in die Höhe zu gehen. Später vereinigten sich die Wege, und der Rechen faßte wiederum in das ungeschnittene Getreide hinein. Das Überleiten in den einen oder anderen Weg der Kurvenbahn bewirkte eine selbsttätig arbeitende Weiche. Wenn das Getreide dicht stand, wurde während der Fahrt die Garbengröße reguliert. Für die Einstellung der Rechenarme zur Plattform gab es verschiedene Reguliermöglichkeiten. Man konnte durch einfaches Verlegen eines Hebels jeden zweiten, dritten, vierten oder fünften oder alle Rechen hintereinander ablegen lassen. Ebenso konnte man durch Betätigung eines Fußhebels die Rechenablage beliebig ausschalten, um beim Wenden freie Bahn zu haben.

Sollte die Maschine in lagerndem Getreide arbeiten, so brachte man häufig am Fingerbalken Ährenheber an, die verhindern sollten, daß die Ähren abgeschnitten wurden. Es waren verlängerte Schutzfinger, die sich unter das lagernde Getreide schoben und die Halme vor dem Schnitt aufhoben. In der Regel wurden drei bis fünf Ährenheber entsprechend der Schnittbreite verteilt. Damit die Heber mit ihren langen Spitzen den Bodenunebenheiten folgen konnten und beim Auftreffen auf Steine oder sonstige Hindernisse nicht brachen, wurden sie federnd und beweglich mit dem Fingerbalken verbunden; so waren sie in senkrechter Richtung elastisch. Der in der Mitte des Schneidwerkes sitzende „Schuh", fälschlich häufig als Ährenheber angesehen, sollte verhindern, daß bei Lockerung der Rechenbefestigung während der Arbeit die Zinkenspitzen in das Schneidwerk gerieten.

Das Schneidwerk konnte um seine Längsachse gekippt werden, wodurch die Fingerspitzen sich dem Boden näherten oder sich von ihm entfernten. Auf diese Weise konnte man eine bestimmte Stoppellänge erzielen. Außerdem konnte der Tisch mit dem Schneidwerk parallel zum Erdboden gehoben und gesenkt werden, indem man ihn am Haupt- und am kleinen Stützrad tiefer oder höher kurbelte. Die gebräuchlichste Arbeitsbreite betrug 1,52 m. Zum Transport wurde der Schneidetisch fast senkrecht aufgeklappt, so daß die Maschine über schmale Wege und durch enge Tore fahren konnte. Dazu brachte man zunächst sämtliche Rechenarme in aufrechte Stellung, klappte den Schneidetisch hoch und steckte das am Getriebe laufende kleine Rad an eine andere dafür vorgesehene kurze Achse. Durch diesen Umbau war die Maschine jetzt für die Straßenfahrt geeignet.

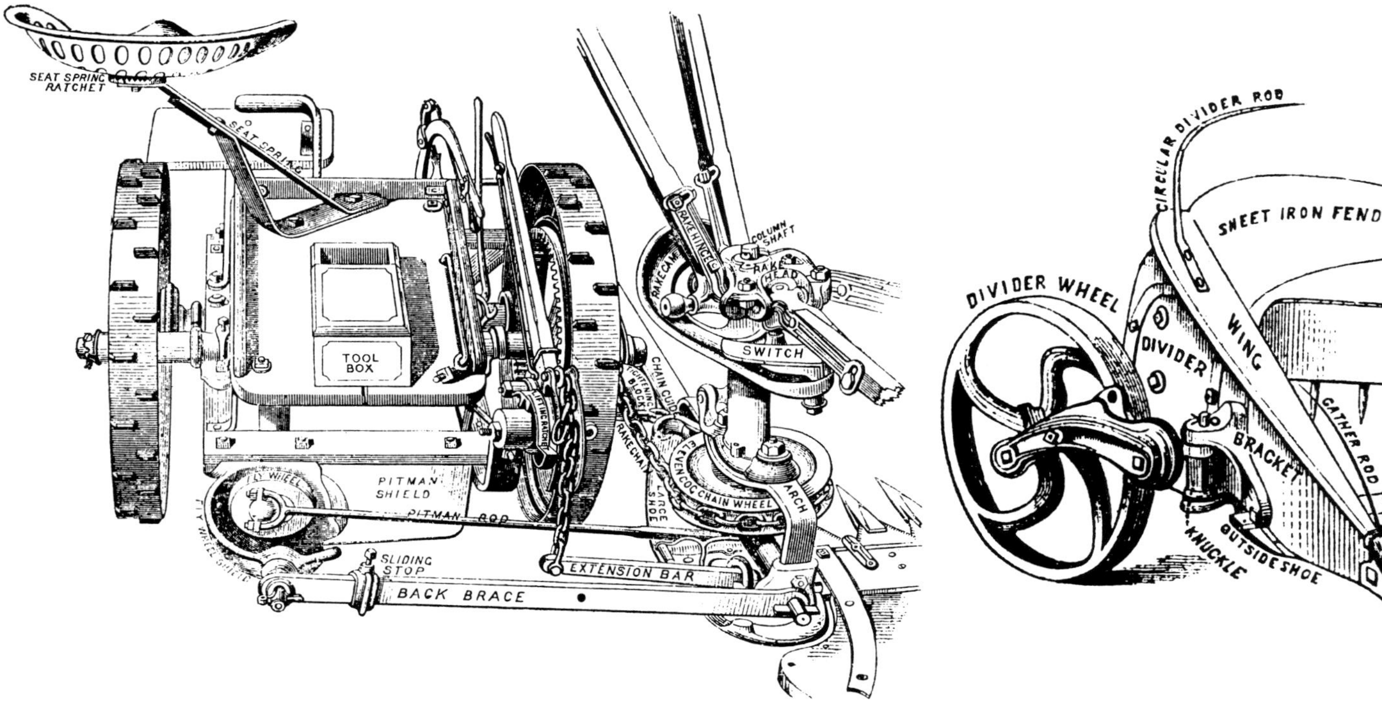
SEAT SPRING
RATCHET
SEAT SPRING
TOOL BOX
PITMAN SHIELD
PITMAN ROD
SLIDING STOP
BACK BRACE
EXTENSION BAR
COLUMN SHAFT
RAKE HEAD
SWITCH
CHAIN WHEEL
ARCH
LARGE SHOE
CIRCULAR DIVIDER ROD
SHEET IRON FEND
DIVIDER WHEEL
DIVIDER
WING
BRACKET
GATHER ROD
KNUCKLE
OUTSIDE SHOE

34

WILSON-MILLER

35

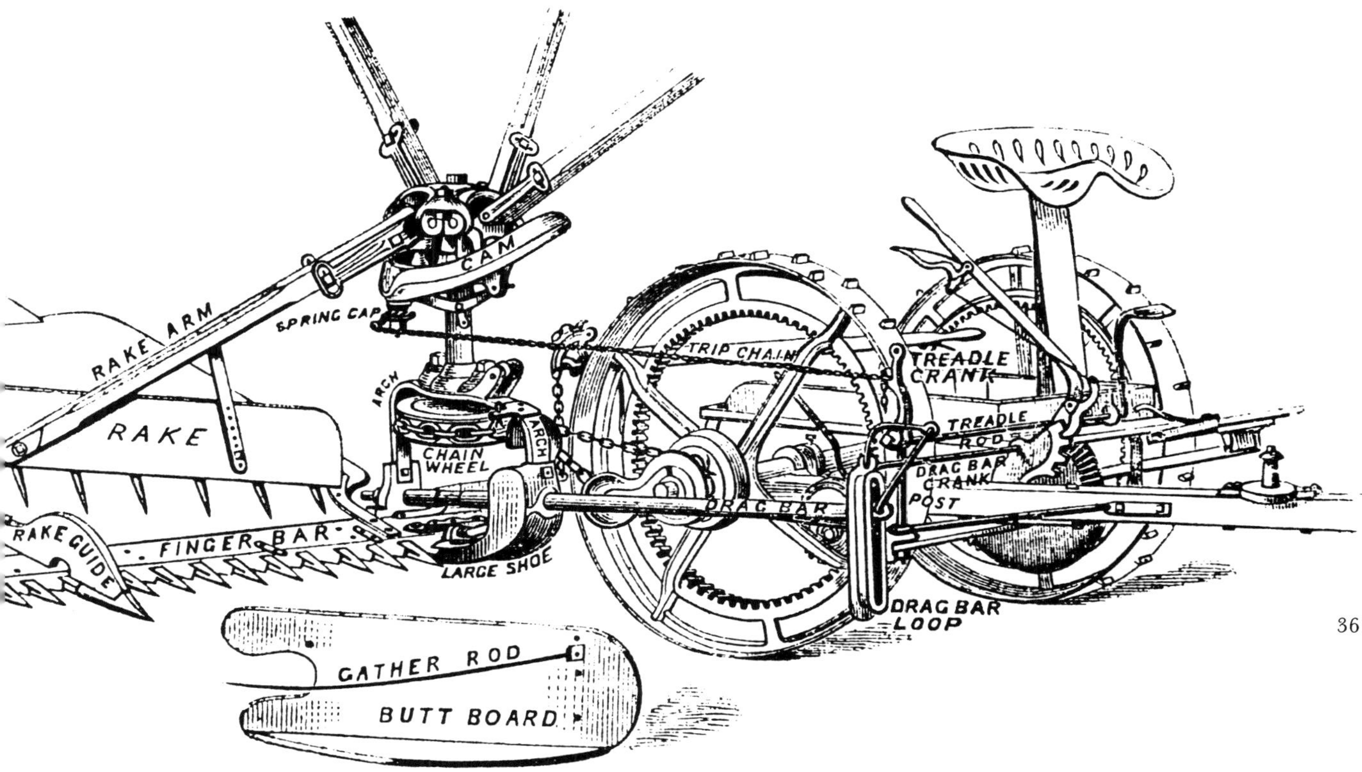

36

34 Der Blick von hinten auf den Maschinenmechanismus, Antrieb der Messerstange und Ansicht des Rechenkopfes.

35/36 Selbst-Ablage-Mähmaschine „Champion No. 4“ von Warder, Michell & Co., Chicago, Illinois und Springfield, Ohio 1875. Abbildungen aus einer Gebrauchsanweisung.

37 Diese Abbildung zeigt, auf welche Weise die Triebkette mit den Kettenrädern verbunden und die Enden an das Stahlgelenk befestigt werden können.

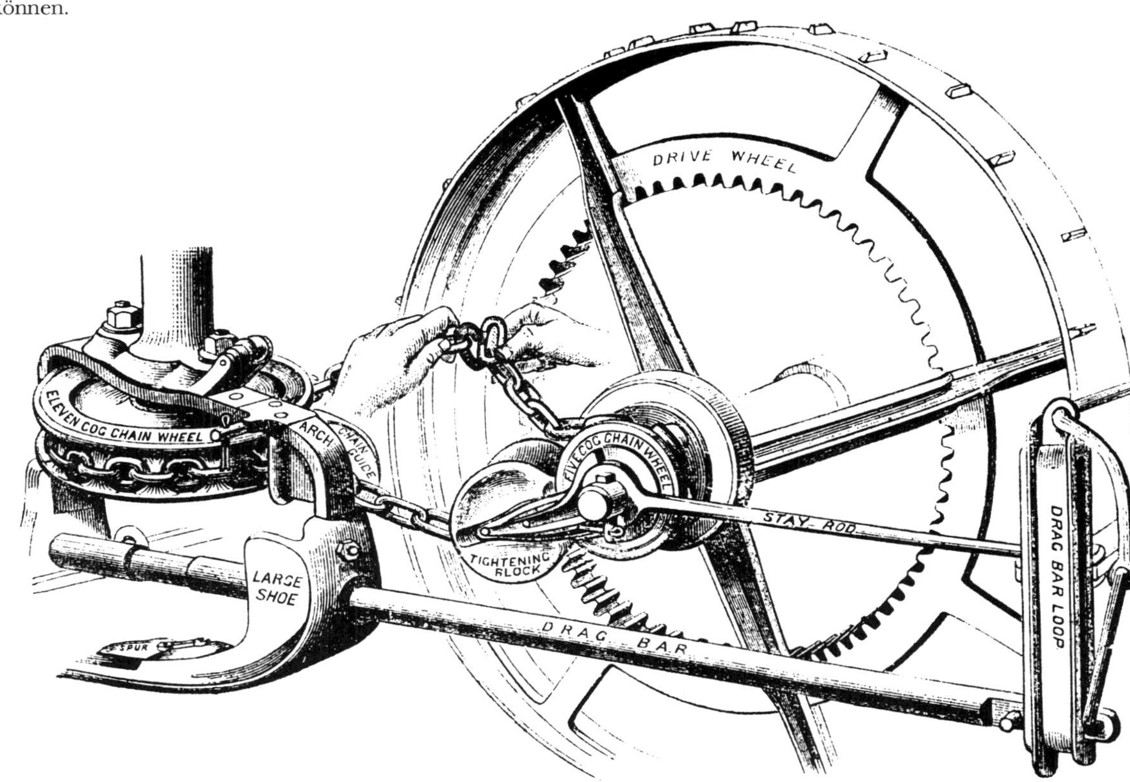

37

38

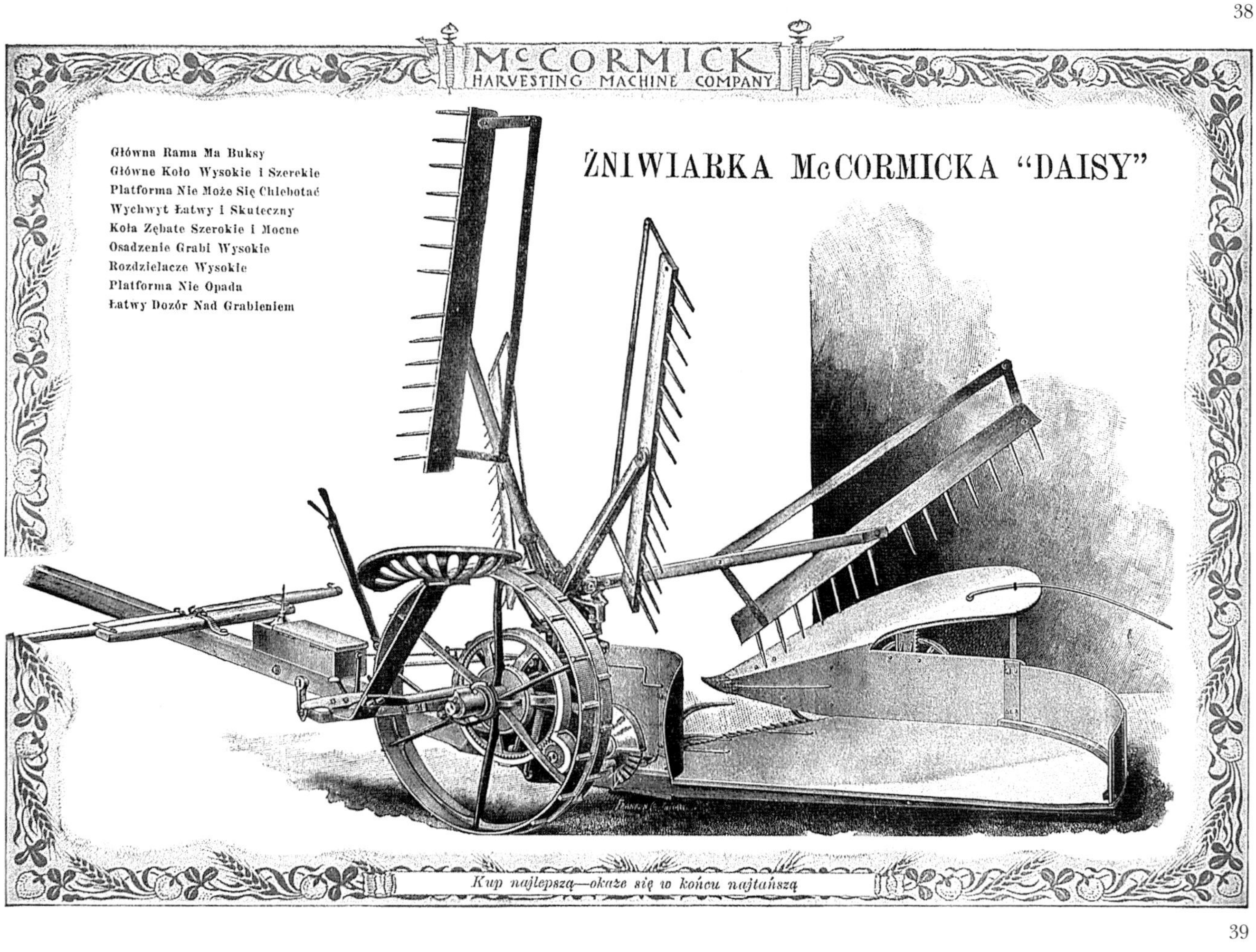
McCORMICK
HARVESTING MACHINE COMPANY
Główna Rama Ma Buksy
Główne Koło Wysokie i Szerokie
Platforma Nie Może Się Chlebotać
Wychwyt Łatwy i Skuteczny
Koła Zębate Szerokie i Mocne
Osadzenie Grabi Wysokie
Rozdzielacze Wysokie
Platforma Nie Opada
Łatwy Dozór Nad Grabieniem
ŻNIWIARKA McCORMICKA "DAISY"
Kup najlepszą—okaże się w końcu najtańszą

39

38 Victoria Getreidemähmaschine mit vier Flügeln, von denen zwei als Rechen zum Ablegen des Getreides ausgebildet sind (Samuelson, England um 1870).

39 Getreidemäher auf einer Katalogseite in polnischer Sprache, Modell „Daisy“ (McCormick 1902), Jugendstilaufmachung.

40 Getreidemäher auf einer Katalogseite mit Jugendstilverzierung (Milwaukee 1904).

41 Getreidemähmaschine von Zimmermann (Meyers Konversationslexikon, 1888).

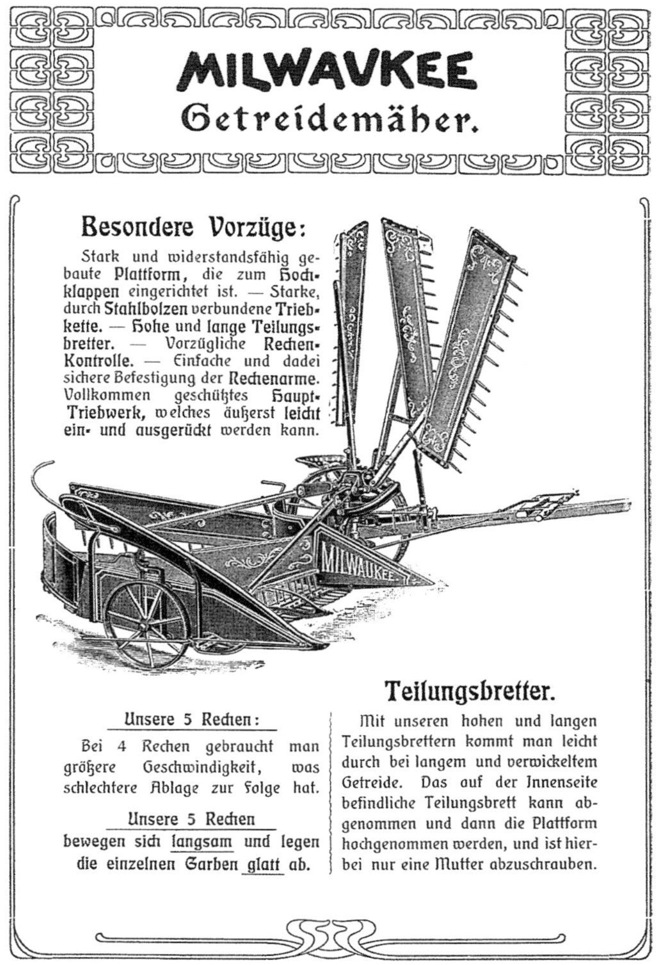

40

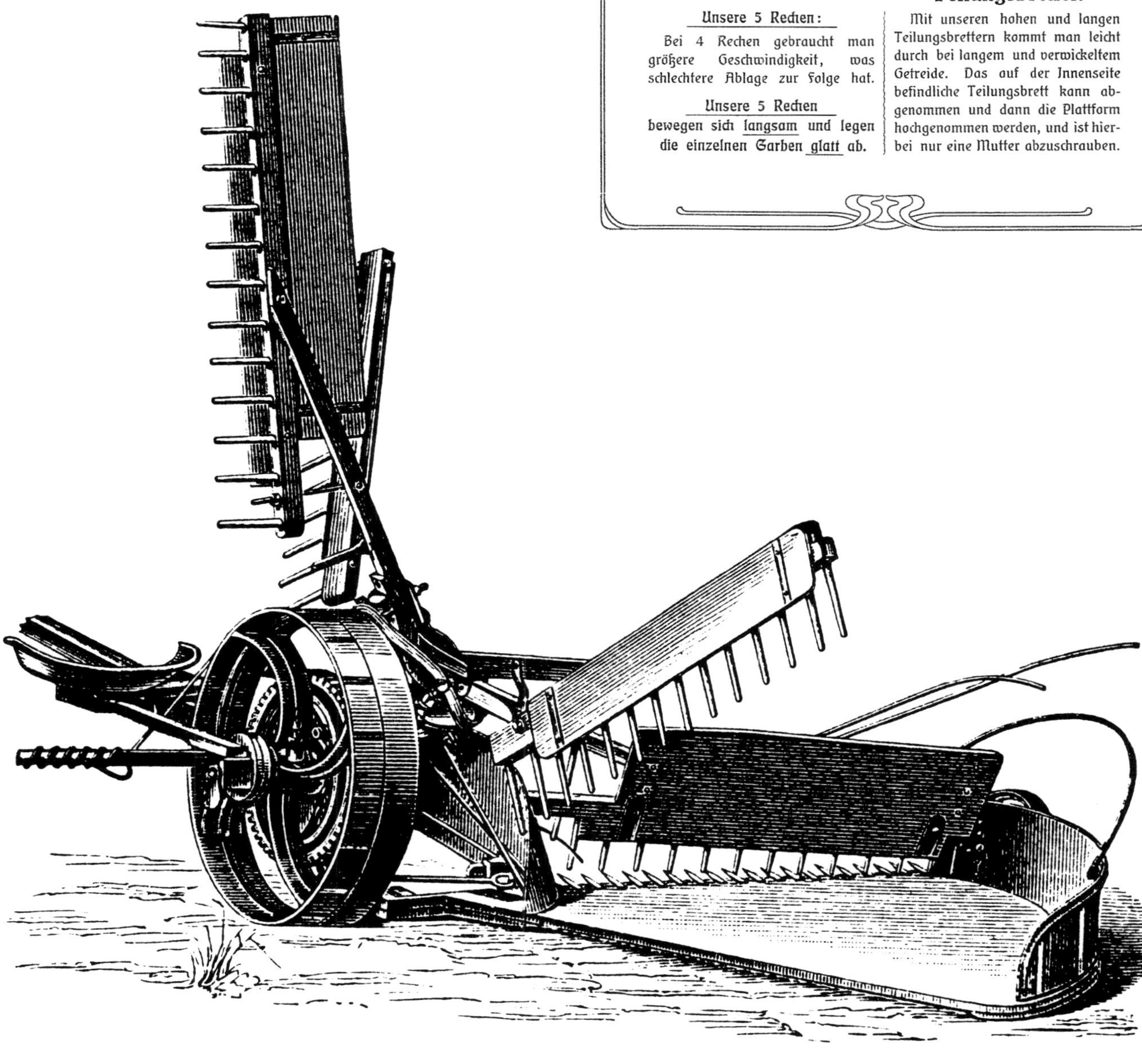

41

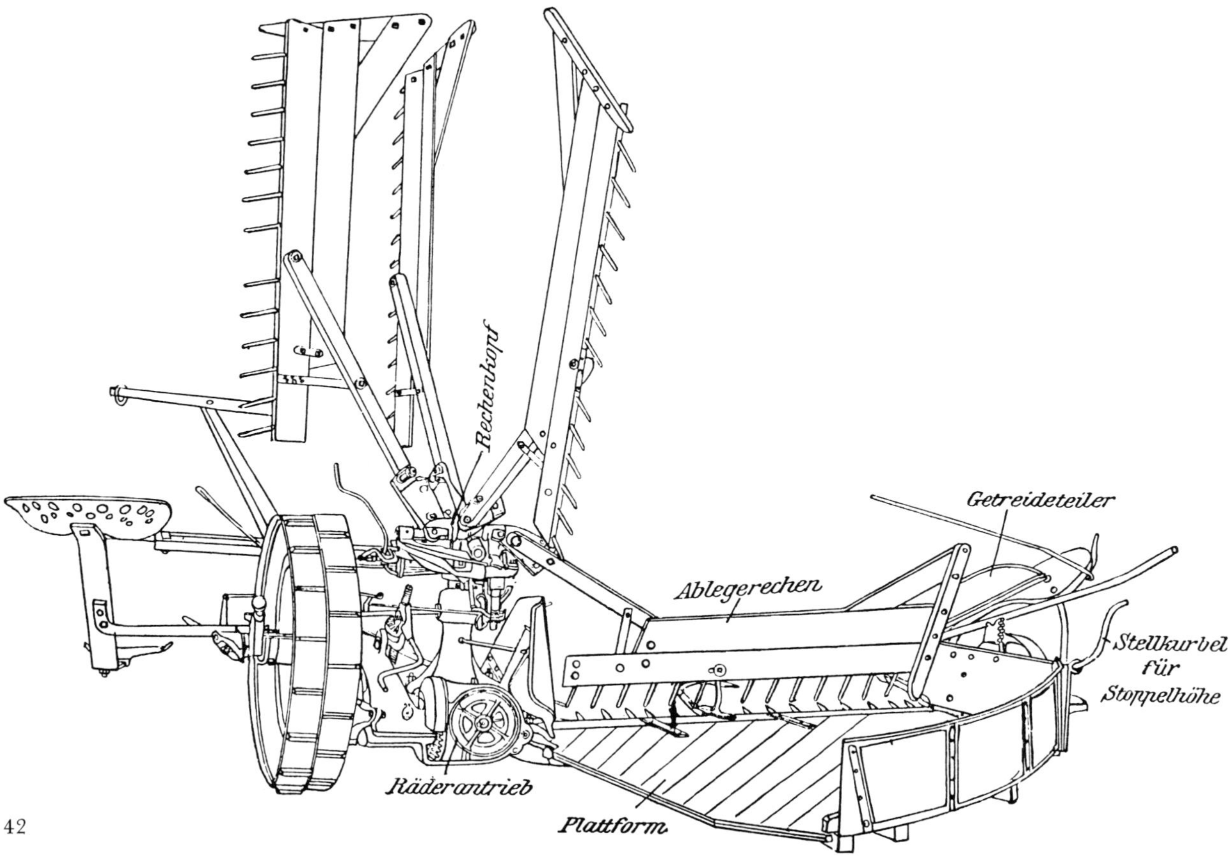

Rechenkopf
Getreideteiler
Ablegerechen
Stellkurbel für Stoppelhöhe
Räderantrieb
Plattform

42

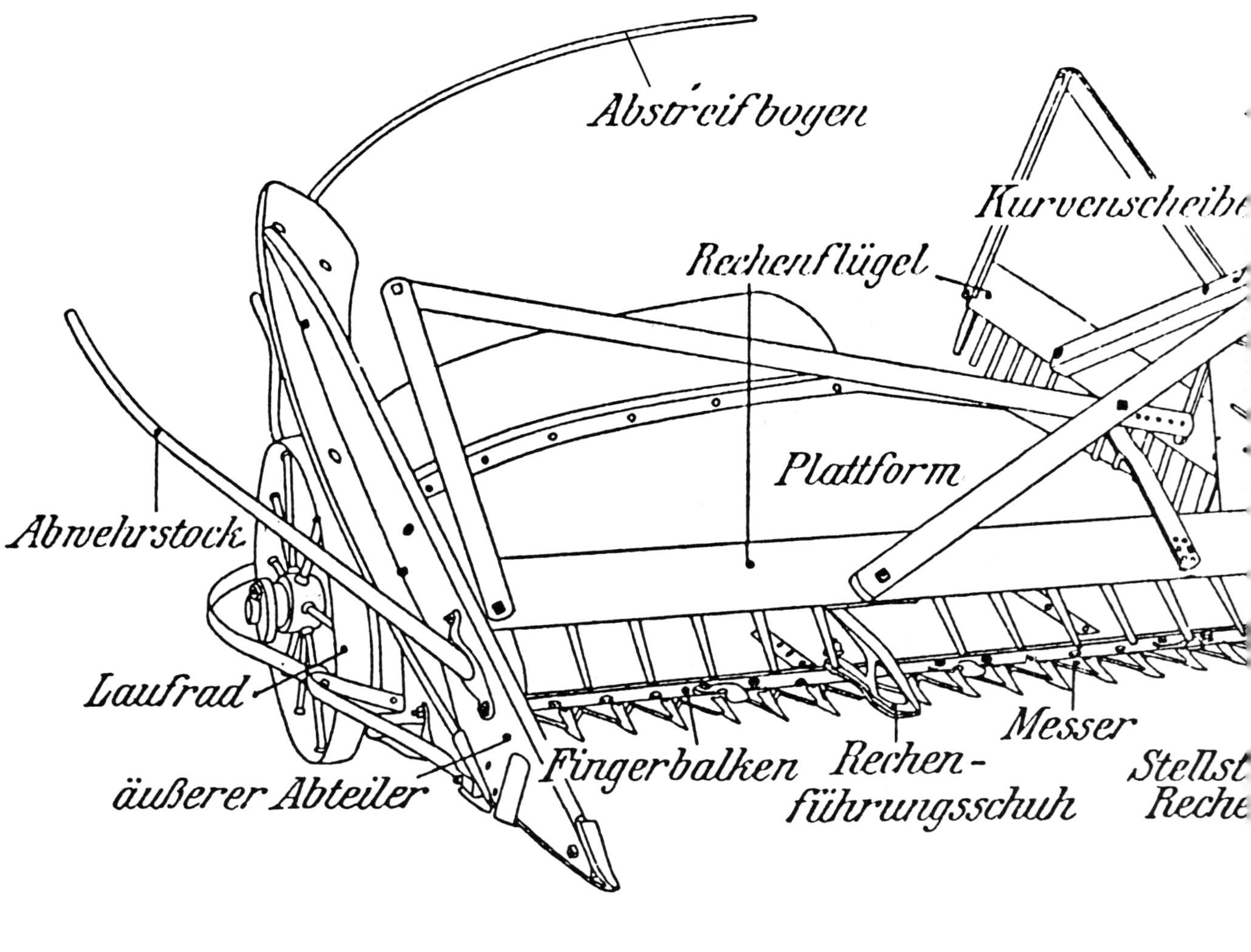

Abstreifbogen
Rechenflügel
Plattform
Abwehrstock
Laufrad
äußerer Abteiler
Fingerbalken
Rechen-führungsschuh
Messer

42 Getreidemähmaschine in Hinteransicht (Deutsche Industrie-Werke, Spandau).

43 Getreidemähmaschine in Vorderansicht mit allen Einzelheiten (Krupp, Essen).

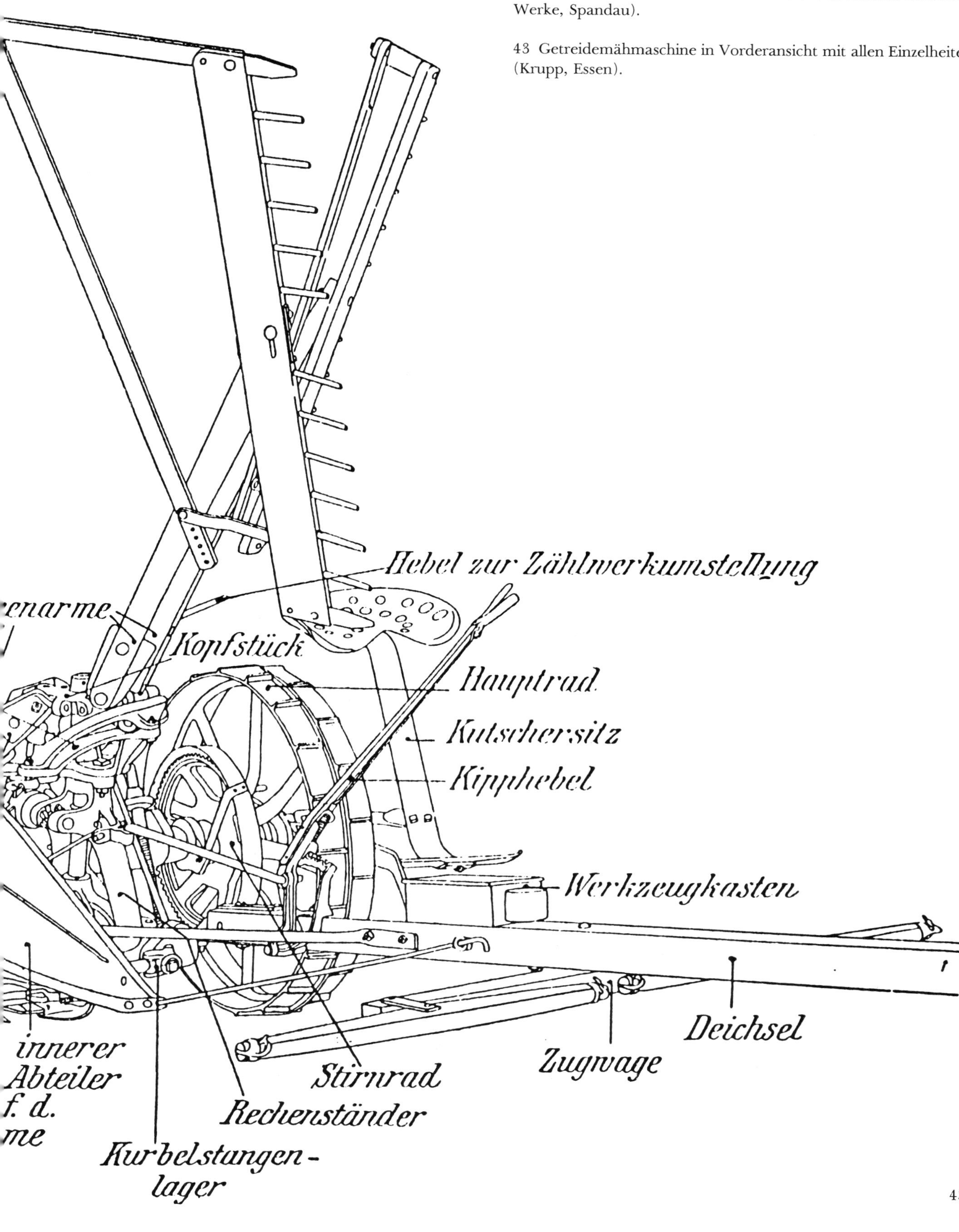

44

45

44 Getreidemähmaschine mit Vorderwagen (Krupp).

45 Getreidemähmaschine mit dem unentbehrlichen Werkzeugkasten auf der Deichsel (McCormick). Im Hintergrund eine Windmühle.

46 Getreidemäher mit Ährenheber (John Schulz, Görlitz).

47 Getreidemäher mit Auffangrinne für ausgefallene Getreidekörner.

46

47

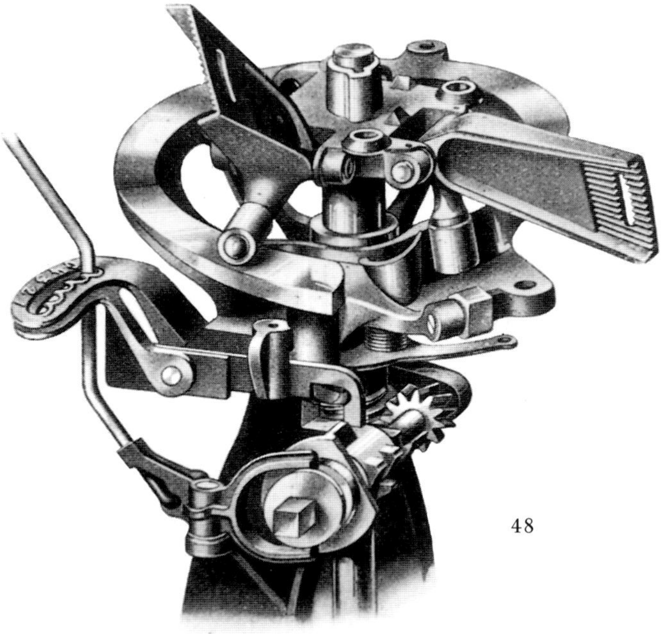

48

49

48 Rechenkopf mit Stellwerk (Krupp).

49 Herrichtung für die Straßenfahrt (Krupp).

50 Getreidemäher in Straßenfahrtstellung (Krupp-Fahr).

50

51

52

53

54

51 Einspänniges leichtes Modell eines Getreidemähers für kleine Betriebe (Deering).

52 Getreidemäher von zwei Ochsen mit Maulkorb gezogen. Im Lagergetreide liegen die abgestreiften Garben etwas wirr durcheinander (Fahr, um 1925).

53 Zweispännige Getreidemähmaschine mit offenen Ablegerechen. Das Firmenemblem wurde aber ab 1945 geändert (McCormick, Neuß).

54 Getreidemähmaschine mit geschlossenen Ablegerechen. Im Hintergrund aufgestellte Getreidehocken (Mc Cormick, um 1925).

Antrieb eines Mähbinders

55

Das unterhalb des Bindetisches angeordnete Hauptfahrrad nahm den größten Teil des Gewichtes auf und bewirkte den Antrieb aller beweglichen Teile, wie Messer, Elevatortücher, Haspel, rotierender Schneckenteiler, Packerarme, Knoter, Staucherbretter, Garbentrenner usw. Zur Übertragung fanden Zahnräder und Kettengetriebe Anwendung. Auf der Hauptvorlegewelle war eine Ausrückkupplung angeordnet zum Ein- und Ausschalten des Triebwerkes, die bequem vom Fahrersitz aus erreichbar war.

Die amerikanischen Mähbinder, deren Durchgangsbügel für den deutschen Roggen nicht weit genug war, haben sich später auch dem hiesigen langen Roggen angepaßt. Eine Halmlänge von 1,80 m mußte durchgehen. Krupp hat bis 2 m Durchgangsbügel gebaut, Fella baute 1960 noch Mähbinder mit einem Durchgang von 2,15 m an der Rohrsitzbrücke.

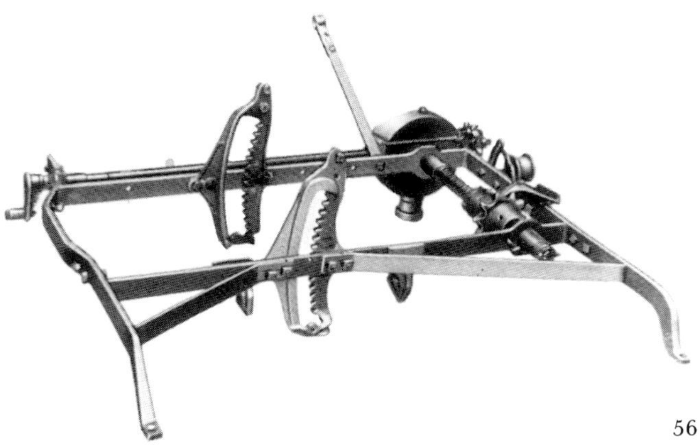

56

55 Kettenrad mit Hauptkette und Antriebswelle (Milwaukee).

56 Hauptrahmen des Mähbinders zur Aufnahme des Antriebsrades (Krupp).

57/59 Stählernes Hauptrad mit Kettenzahnrad (Milwaukee).

60 Weiterer Aufbau der Maschine mit einem Durchgangsbügel von 2 m (Krupp).

61 Hauptrahmen mit Plattform; hier konnte das Hauptrad federnd aufgehängt werden (Milwaukee).

62 Grundaufbau mit Hauptantrieb und äußerem Laufrad (Deering).

57

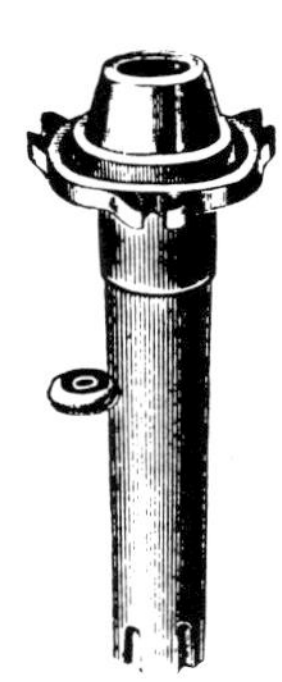

58

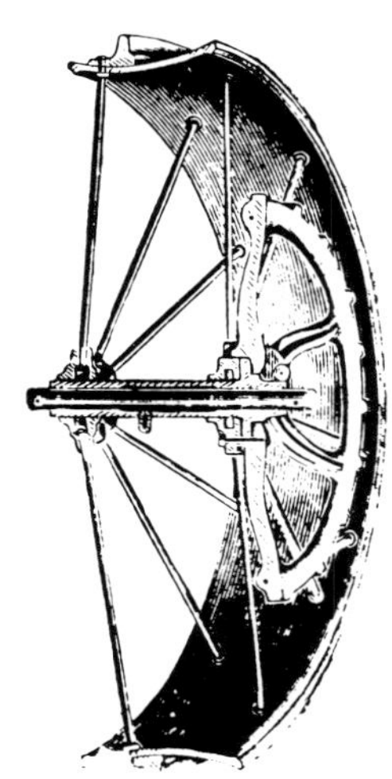

59

60

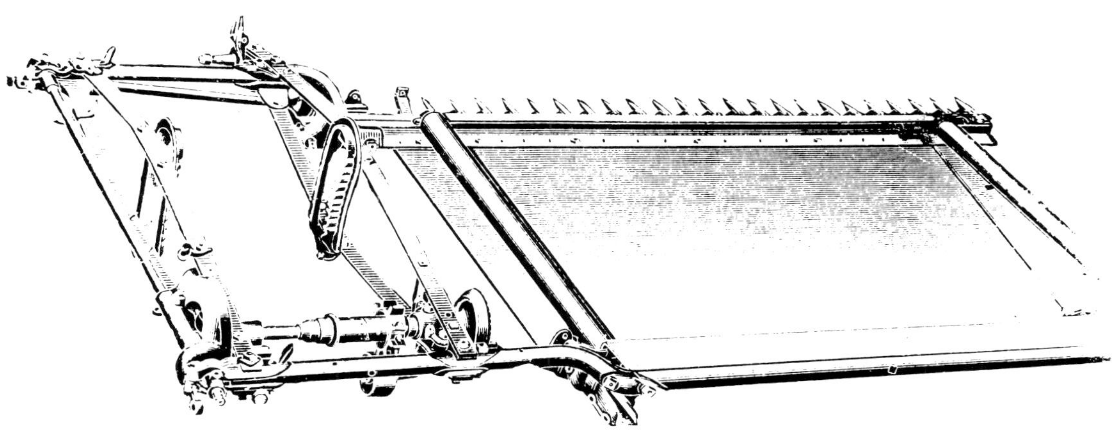

61

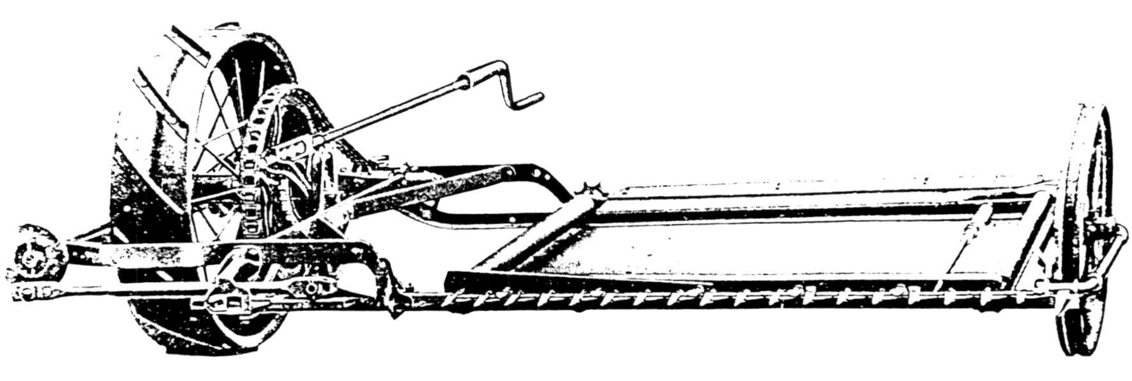

62

Messer

Das wichtigste Bauelement bei allen Mähmaschinen gleich welcher Art war das Schneidwerk mit seinen beiden Hauptteilen, den Fingern und den Messerklingen. Die Finger hatten die Funktion, die Halme abzuteilen und als Gegenschneide zu dienen. Damit die Finger nicht brachen, wurden sie aus hochwertigen Baustoffen hergestellt, vielfach aus Temperguß. Als Gegenschneiden zum Messer benutzte man aufgenietete Stahlplatten mit glatten oder feilenartig gerippten Kanten auf den Fingern. Noch haltbarer waren die ganz aus Stahl gepreßten und gehärteten Finger, bei denen auch keine besonderen Fingerplatten gebraucht wurden.

Das Messer bestand aus trapezförmigen Stahlklingen, die mit der Rückseite auf einer schmalen Stahlschiene vernietet oder (seltener) verschraubt wurden. Die Schneidekanten der Messer waren vielfach feilenartig gezahnt (gerippt). Gezahnte Messer mußten nicht so häufig nachgeschliffen werden wie glatte. Einwandfrei arbeitete das Schneidwerk aber nur dann, wenn alle Schneiden scharf waren und dicht aufeinander blieben, wie bei einer guten Schere. Es durfte kein Spielraum zwischen Messer und Gegenschneide sein, sonst war es kein Schneiden, sondern ein Abreißen. Die Klingenbreite betrug fast stets 76,2 mm für jegliches Mähgut. Beim Mähbalken für Getreide kam auf jede Messerklinge ein Finger, also alle 76,2 mm ein Finger. Für Grünfutter betrug der Abstand der Finger 50,8 mm (Mittelschnitt) und für dichteres Gras auch 38,1 mm, also für eine Messerklinge jeweils 2 Finger.

Die hin- und hergehende Bewegung der Messer wurde durch eine Kurbelscheibe mit Kurbelzapfen erzeugt, die durch eine Schubstange mit dem Messerbalken verbunden war. Als Baustoff für die Schub- oder Pleuelstange benutzte man meistens zähes Eschenholz, weniger häufig Stahl. Das Holz war wegen seiner großen Elastizität und seines geringen Gewichtes besonders gut geeignet. Die Verbindung zwischen Treibstange und Mähmesser bildete ein Kugelgelenk, das aus einer Kugel am Messerkopf und zwei an der Treibstange befestigten schalenförmigen Klemmbacken gebildet wurde, oder ein einfaches Flachlager. Die mittlere Messergeschwindigkeit beim Mähbinder betrug etwa 1,7 m/s. Schnittbreiten wurden in Fuß angegeben, ein Fuß ca. 30,5 cm. Hier eine vergleichende Aufstellung in cm:

4 Fuß = 122 cm	10 Fuß = 305 cm
5 Fuß = 152 cm	11 Fuß = 335 cm
6 Fuß = 183 cm	12 Fuß = 366 cm
7 Fuß = 213 cm	13 Fuß = 396 cm
8 Fuß = 244 cm	14 Fuß = 427 cm
9 Fuß = 274 cm	

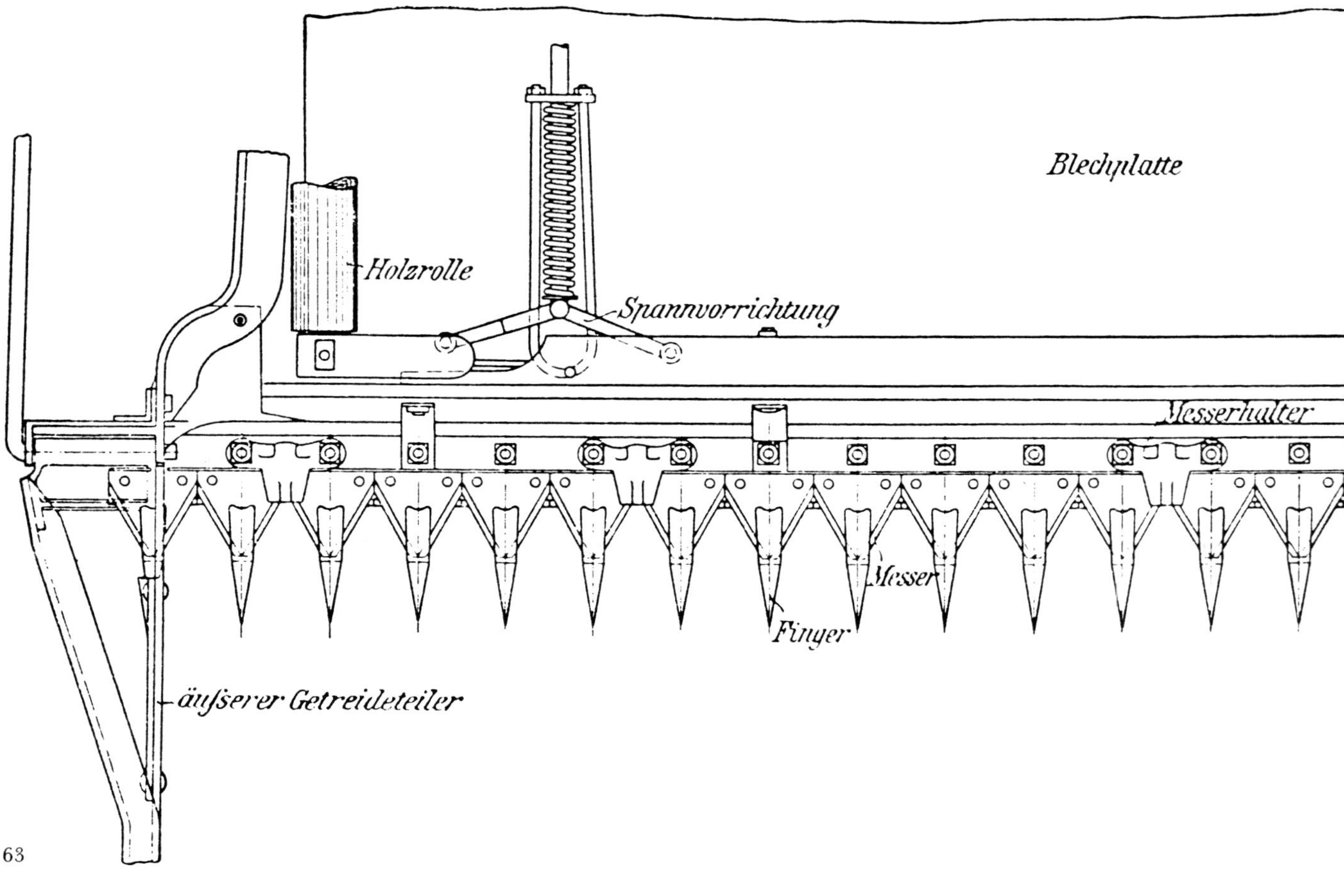

63

Die Flächenleistung von Mähbindern war von vielen Faktoren abhängig. Sie betrug auf nicht zu kleinen Flächen in stehendem Getreide und ohne Störungen etwa 700 m² je Stunde bei einem Fuß Schnittbreite. Bei einer pferdegezogenen Maschine von 5 Fuß Schnittbreite betrug die stündliche Leistung etwa 3500 m². Schleppergezogene Mähbinder hatten eine etwas größere Leistung. Große vom Schlepper gezogene Zapfwellenmähbinder leisteten im Tag bis zu 8 ha.

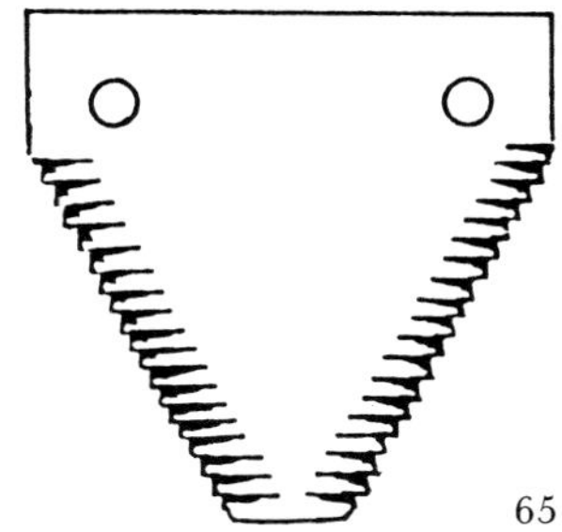

65

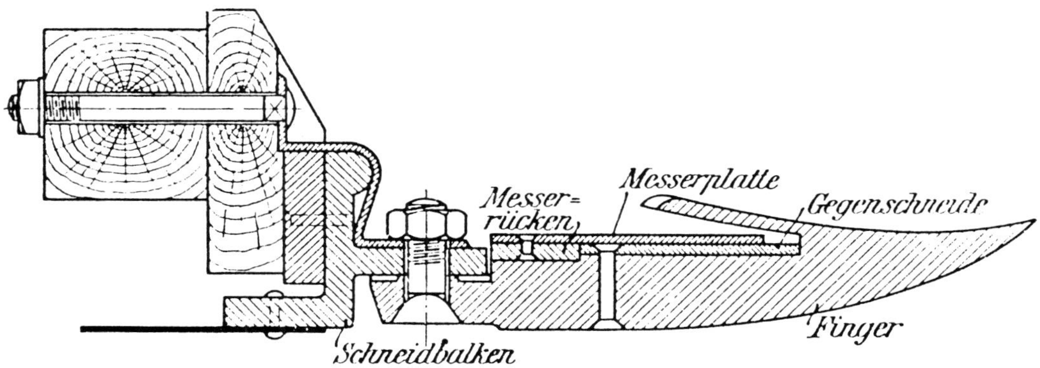

64

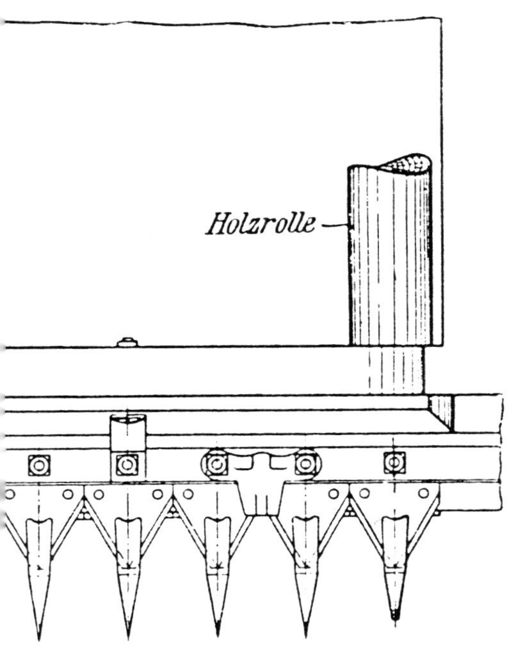

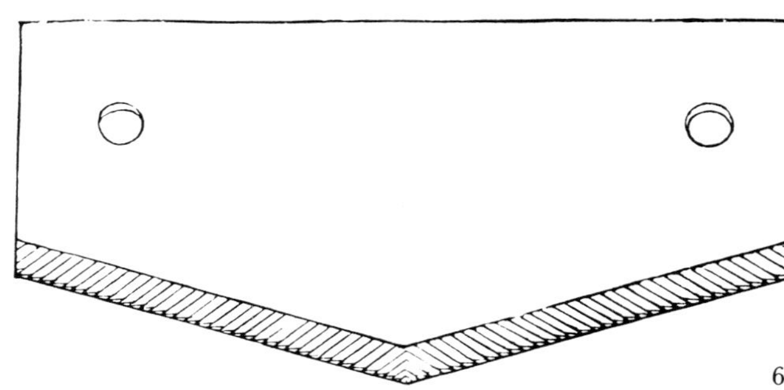

66

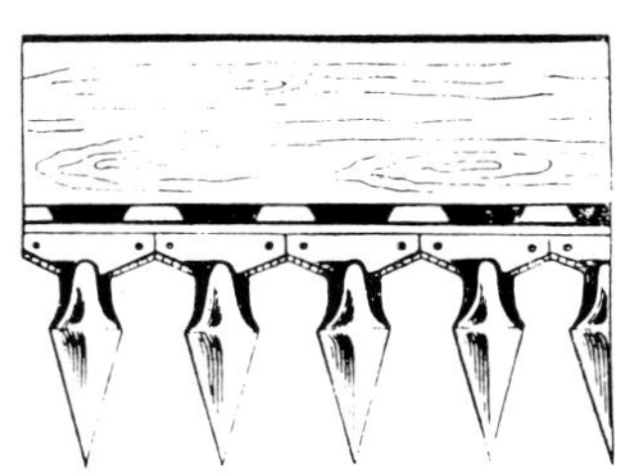

67

63 Schneidevorrichtung eines Mähbinders.

64 Schnitt durch den Finger eines Mähmessers.

65 Eine gerippte Messerklinge.

66/67 Gerippte Messerklingen aus der Frühzeit der Mähmaschinenentwicklung.

Halmabteiler

68 Einteiliger Außenteiler.

69 Zweiteiliger verstellbarer Außenteiler.

70 Rotierender Außenteiler, auch Schneckenabteiler genannt (Fella).

71 Höchstleistungen wurden im lagernden Getreide mit einem Schneckenabteiler erreicht (McCormick-Deering).

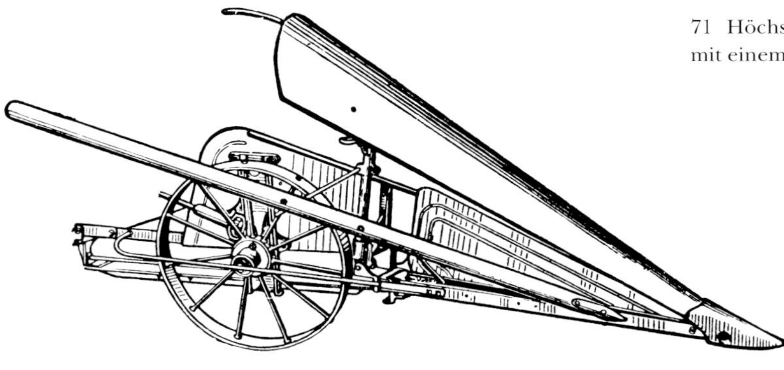

68

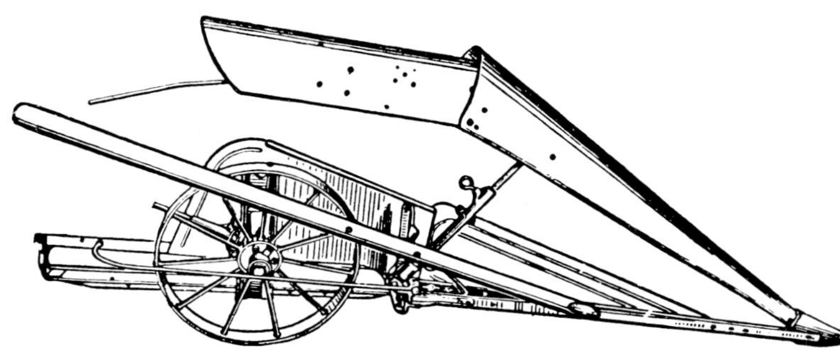

69

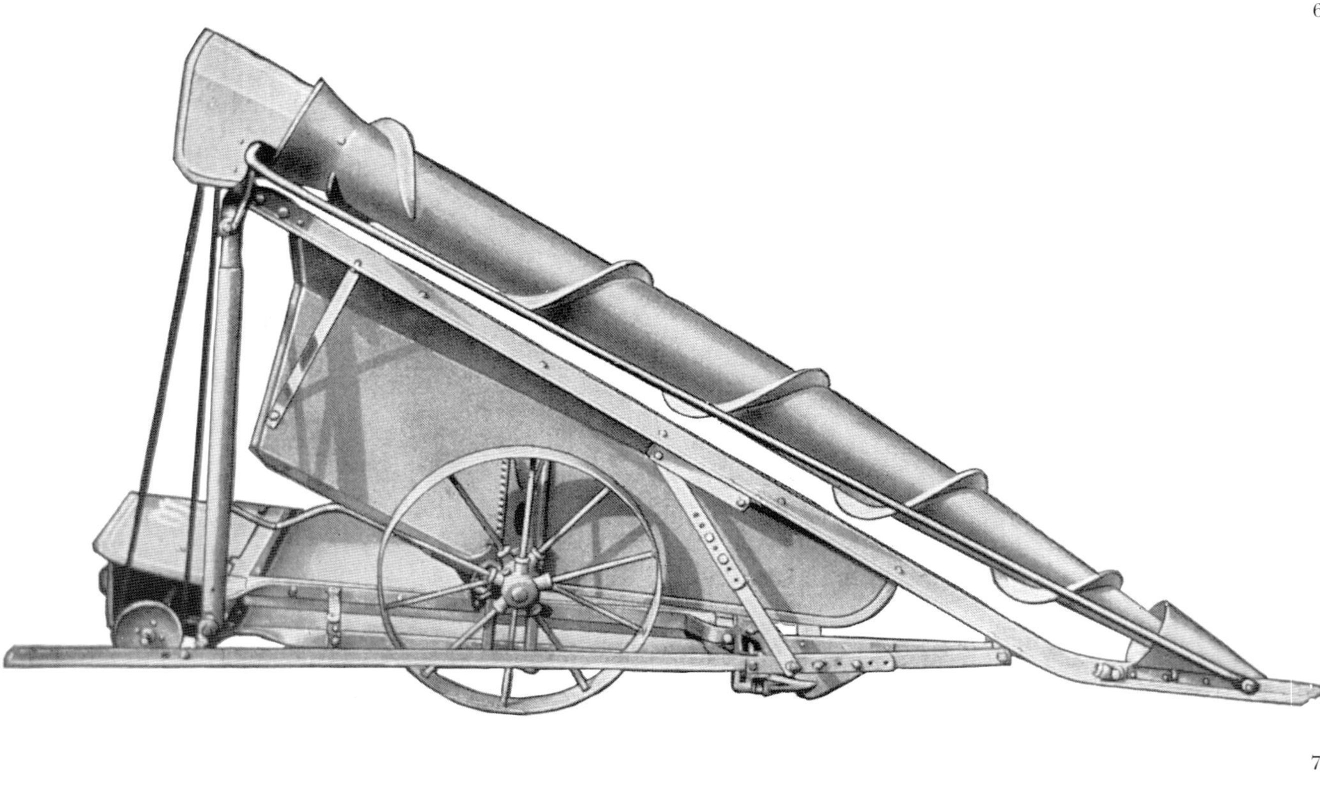

70

71

Ähnlich wie der große russische Schriftsteller Michael Scholochow in seinem Roman „Der stille Don“ (Bd. 1) das Getreidemähen in seiner Heimat am Don beschreibt, war es mitunter früher auch bei uns so, daß man bei großer Hitze die Bleche der Maschine kaum anfassen konnte. Hier folgt ein Abschnitt aus „Der stille Don“:

„Über der Steppe stand gelbe Sonnenglut. Die reifen, ungemähten Weizenfluten dunsteten gelben Staub aus. Man konnte die metallenen Teile der Mähmaschine nicht mit der Hand berühren, konnte den Kopf nicht heben. Die gelblichblauen Wolken siedeten vor Hitze. Dort, wo der Weizen aufhörte, blühte safrangelb das Herrgottsbärtlein.

Das ganze Dorf war in die Steppe gewandert. Der Weizen wurde gemäht. Die Pferde zogen die Mähmaschine, schnaubten in der stickigen Luft, im scharf duftenden Staub, in der heißen Schwüle ... Der Wind, der in leisen Wellen vom Don kam, wirbelte den Staub hoch und wickelte die stechende Sonne in einen Dunstschleier. Petro, der den Weizen von der Mähmaschine hinunterwarf, hatte seit dem Morgen die Hälfte einer zwei Eimer Wasser enthaltenden Bütte ausgetrunken. Er trank das warme, übel schmeckende Wasser, und einen Augenblick später war sein Mund wieder trocken, sein Hemd und seine Hose waren naß, Ströme von Schweiß flossen von seinem Gesicht, ein trillernder Klang hämmerte in seinen Ohren, die Worte blieben im Halse stecken.

Darja, das Gesicht in ein Tuch gewickelt, das Hemd weit geöffnet, harkte. Zwischen den braungebrannten Brüsten standen große, graue Schweißtropfen.

Natalja trieb die Pferde von der Mähmaschine an. Ihre sonnenverbrannten Wangen waren rot wie Rüben, die Augen tränten; Pantelej Prokofjewitsch ging die abgemähten Reihen entlang, er war naß, als wäre er gerade aus dem Wasser gestiegen. Das durchgeschwitzte Hemd, das nicht trocknete, brannte am Körper. Es schien, als hinge nicht ein Bart von seinem Kinn herunter, sondern schwarze, geschwollene Wagenschmiere.”

Aufbau eines Mähbinders

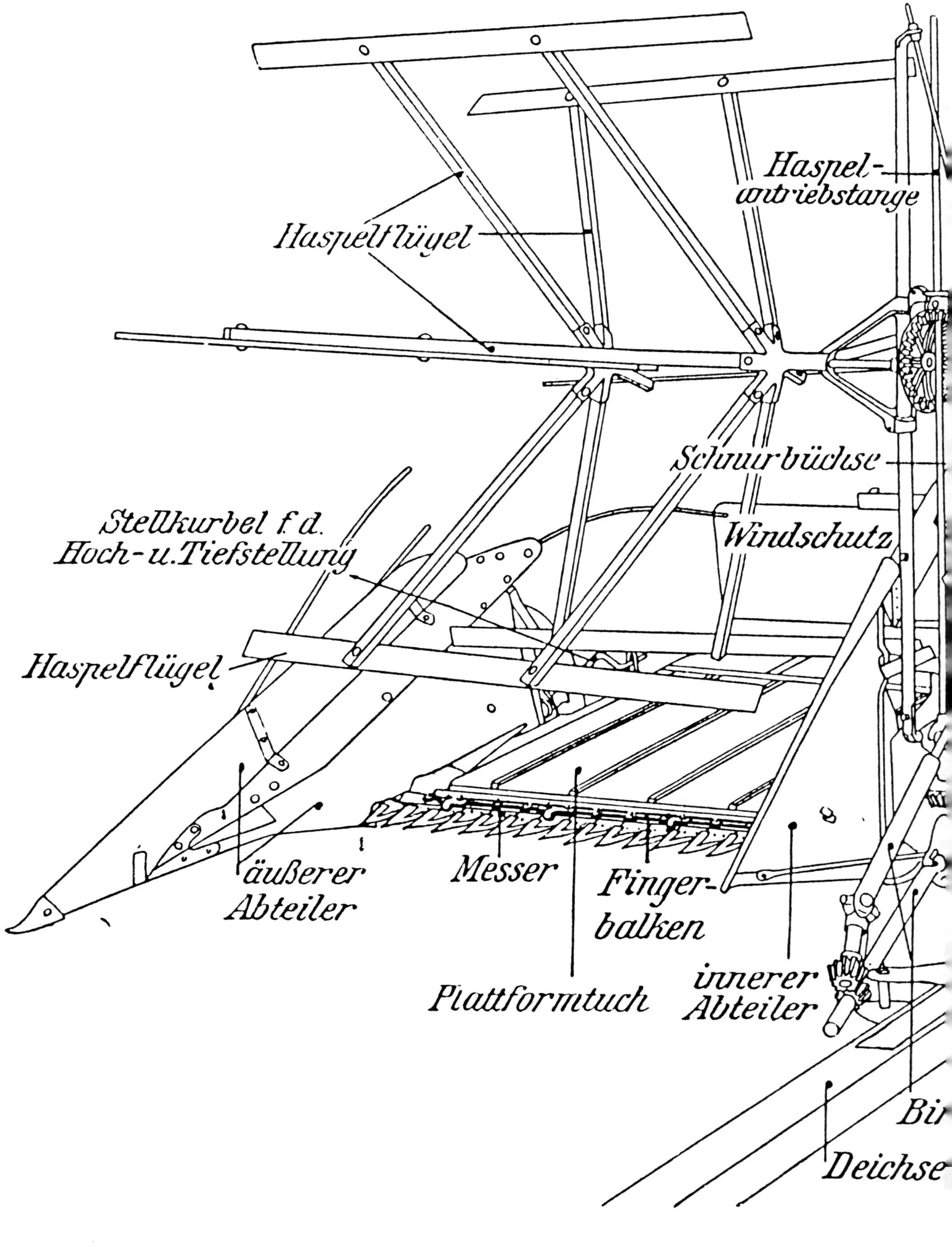

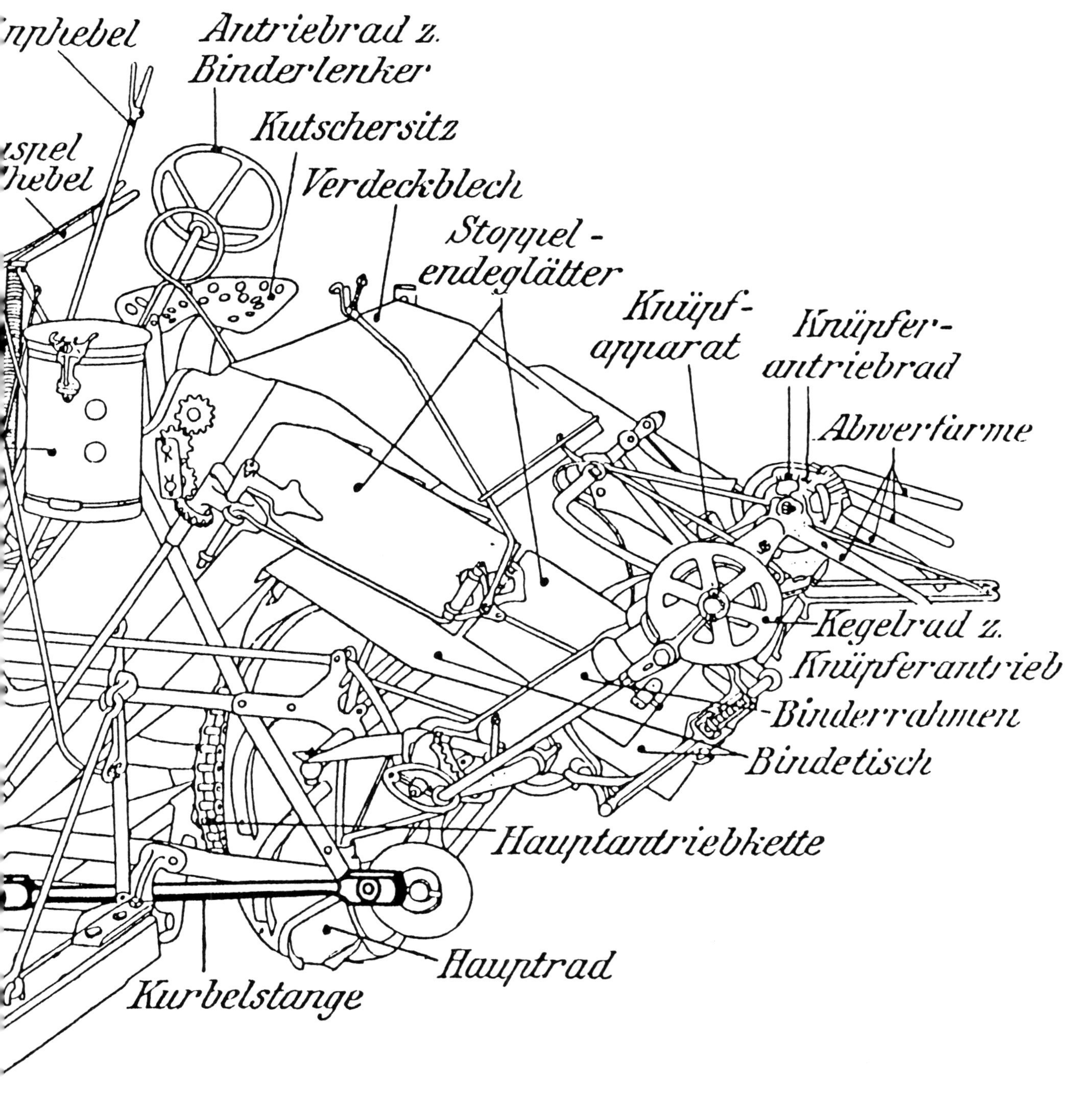

72 Mähbinder mit Einzelteilbeschreibung und zusätzlicher Lenkvorrichtung zum Anhängen mehrerer Maschinen an einen Schlepper.

Bindetisch – Knüpfer

Das Binden der Garben auf dem Bindetisch erfolgte durch den Bindeapparat, der aus Knüpfapparat, Nadel und Schalthebel bestand. Unter dem Bindetisch befand sich eine mehrfach gekröpfte Welle, die die sogenannten Packer, lange gebogene Finger, durch Schlitze vorwärts und rückwärts bewegte. Die Packer legten die Halme gegen die Bindeschnur und den Auslösehebel. Da ununterbrochen neue Halme zugeführt wurden, entstand schließlich eine solche Pressung, daß der federnde Auslösehebel nicht mehr standhielt. Er wurde umgedrückt, man löste dadurch eine Kupplung aus und leitete die selbsttätige Bindung der Garbe ein. Dann trat durch einen Schlitz die ständig eingefädelte gebogene Nadel hervor, die neu ankommenden Halme wurden durch den Rücken der Nadel oder durch besondere Vorrichtungen zurückgehalten, und die Packer liefen sozusagen leer. Die Nadel legte den Bindfaden vollständig um die Garbe und gab ihn an den Halter der Knüpfvorrichtung ab. Der Knoter drehte sich einmal herum, bildete eine Schlinge und öffnete seine beiden Finger. Diese erfaßten die beiden in der Klemmtasche gehaltenen Enden des Bindfadens und schnitten sie ab. Danach kamen die Auswerfarme und gaben der Garbe einen kräftigen Stoß; dabei glitt die Schlinge über die Enden, und der Knoten war fertig.

Nach diesem Prinzip arbeiteten alle Bindevorrichtungen. Die konstruktiven Unterschiede, die bei einzelnen Typen vor allem in bezug auf den Knüpfapparat vorlagen, waren für ihre Wirkung unwesentlich. Sie wurden seit jeher in fast unveränderter Form gebaut und zeigten im Prinzip auch die gleichen Einstellmöglichkeiten.

Die Abb. 78 auf Seite 50 zeigt einen Vergleich der Knotenbildung durch die menschliche Hand und durch den Knoter eines Mähbinders.

Damit bei unterschiedlicher Halmlänge das Binden immer an der gewünschten Stelle erfolgen konnte, ließ sich der ganze Bindetisch vom Führersitz aus mittels Handhebels verschieben.

So wurden die Halme in die entsprechende Lage zur Nadel gebracht und an der erforderlichen Stelle gebunden.

Wurde die Schnittbreite des Mähbinders zu groß gewählt, so konnte der Bindeapparat, abgesehen von der unzulässigen Beanspruchung, die Arbeit nicht mehr bewältigen. Besonders bei dicht stehendem Getreide folgten dann die Garben so schnell aufeinander, daß Zubringer, Nadeln und Knüpfer überhaupt nicht mehr zur Ruhe kamen und bald Störungen eintraten.

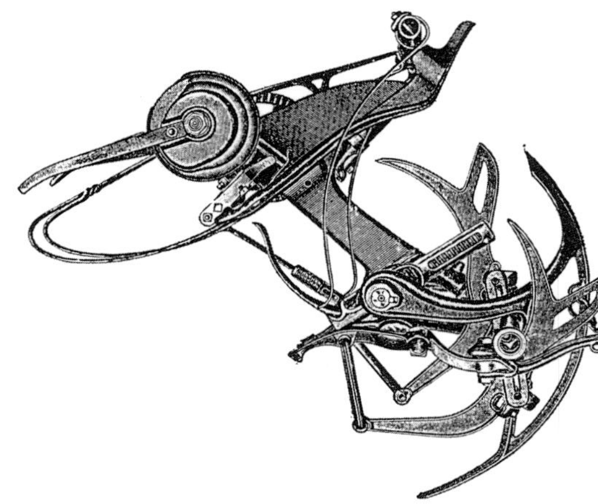

73

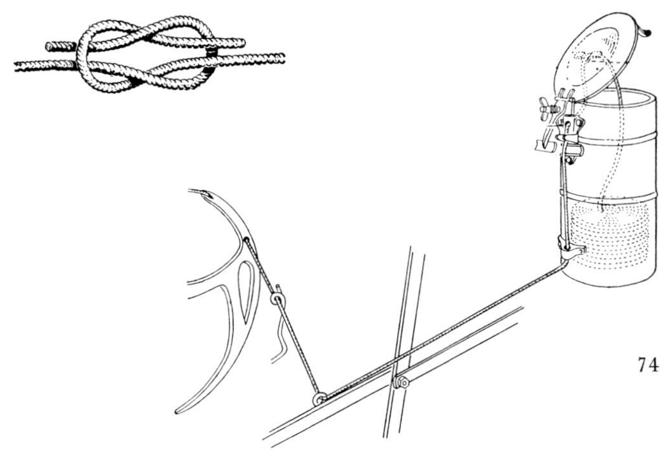

74

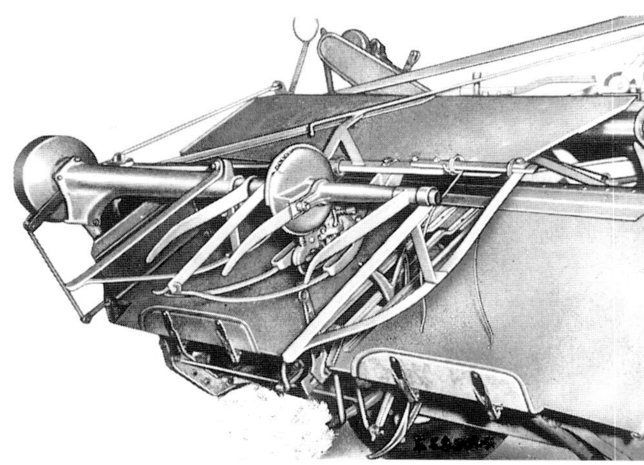

75

73 Zwei Presserhebel, die ständig in Bewegung waren und dem Knüpfer das Getreide zuführten. Die Nadel mit dem langen Rücken blieb im Ruhestand, bis die Menge für eine Garbe vorhanden war (Milwaukee 1904).

74 Jeweils zwei Knäuel Bindegarn wurden in die Garnbüchsen gelegt. Der innere Anfang des unteren Knäuels wurde mit dem äußeren Ende des oberen verbunden unter Anwendung des in der Abbildung gezeigten Knotens. Sodann wurde der Bindfaden durch verschiedene Ösen der Nadel zugeführt (Lanz).

75 Bindetisch mit Knüpfer und Auswurfarme. Die Presserhebel und die Nadel traten aus den Schlitzen des Bindetisches hervor (Lanz).

76 Die vielen Einzelteile des Knüpfers verdeutlichen seine komplizierte Konstruktion (Lanz).

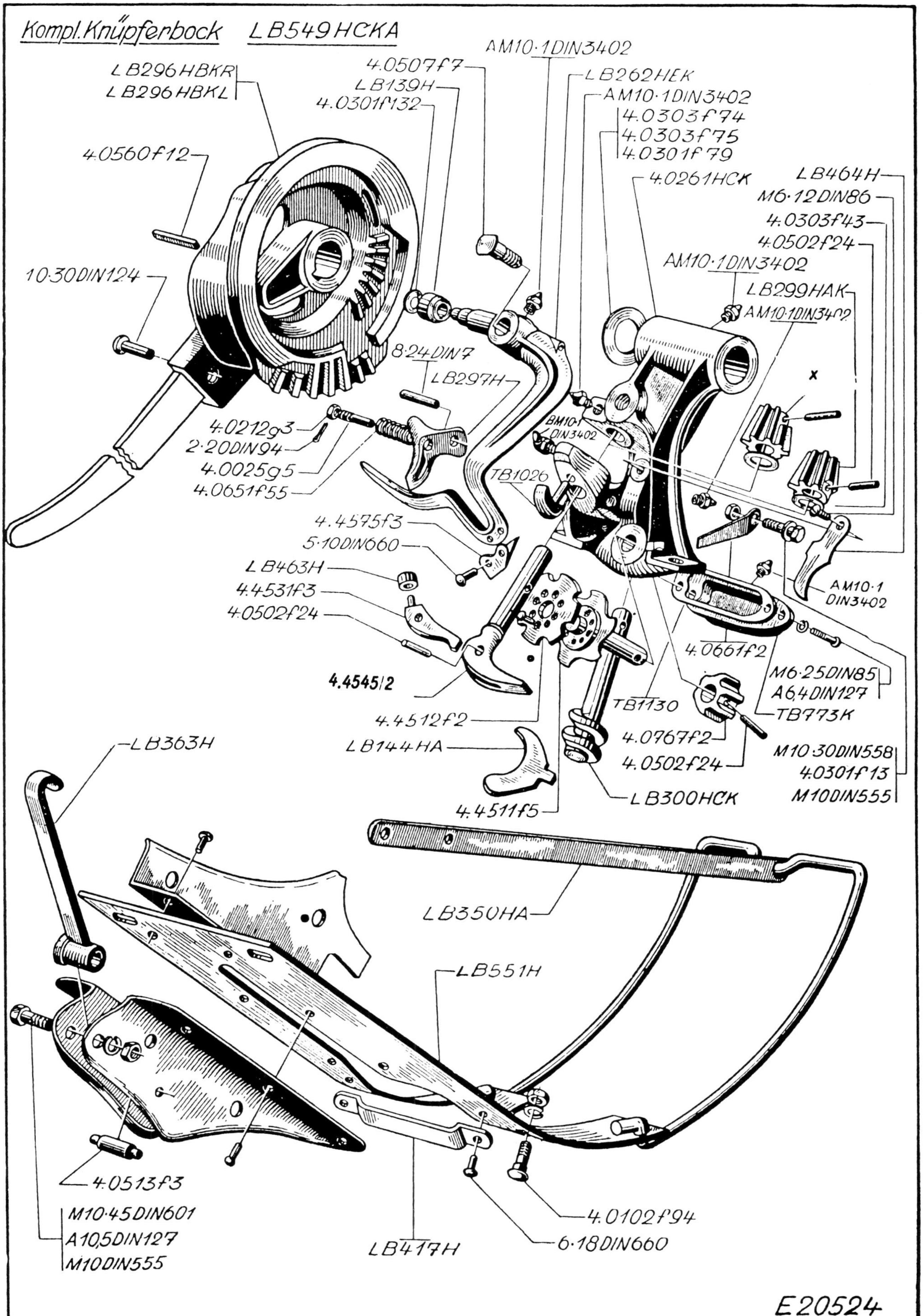
Kompl. Knüpferbock LB549HCKA
LB296HBKR
LB296HBKL
4.0507f7
LB139H
4.0301f132
AM10·1DIN3402
LB262HEK
AM10·1DIN3402
4.0303f74
4.0303f75
4.0301f79
4.0560f12
4.0261HCK
LB464H
M6·12DIN86
4.0303f43
4.0502f24
AM10·1DIN3402
10·30DIN124
LB299HAK
AM10·1DIN3402
8·24DIN7
LB297H
x
4.0212g3
2·20DIN94
4.0025g5
4.0651f55
BM10·1 DIN3402
TB1026
4.4575f3
5·10DIN660
LB463H
4.4531f3
4.0502f24
AM10·1 DIN3402
4.0661f2
M6·25DIN85
A6,4DIN127
TB1130
TB773K
4.4545/2
4.4512f2
4.0767f2
4.0502f24
LB144HA
M10·30DIN558
4.0301f13
M10DIN555
LB300HCK
4.4511f5
LB363H
LB350HA
LB551H
4.0513f3
M10·45DIN601
A10,5DIN127
M10DIN555
4.0102f94
6·18DIN660
LB417H
E20524

Bindegarn

Als Bindegarn wurde Sisal-, Hanf-, Zellwolle-, Manila- oder auch Papiergarn benutzt, wobei allgemein Sisalgarn bevorzugt wurde. Es war ein ungezwirntes, grob, aber leidlich gleichmäßig und knotenfrei gedrehtes Garn (Papierbindegarn gab es im letzten Krieg wegen Einfuhrschwierigkeiten von Naturfasern. Die damit gebundenen und zu Hocken aufgestellten Garben durften nicht längere Zeit durch Regen aufgeweicht werden). Das einzelne Knäuel hatte ein Gewicht von 4 kg bei einer Lauflänge des Fadens von 300–350 m/kg, also etwa pro Knäuel 1200–1400 m. Für eine Garbe wurden 70–80 cm Garn verbraucht. Je nach Dichte des Getreidestandes wurden ca. 4 kg/ha (ein Knäuel) verbraucht.

Langlaufendes Garn enthielt 450–480 m je kg, Papiergarne liefen wesentlich kürzer. Die Garnbüchsen am Mähbinder faßten zwei Knäuel. Die Verpackung der Knäuel bestand entweder aus einem Papiermantel oder aus einem Gittermantel. Dieses Gitter bestand aus den letzten Metern des Bindfadens und hielt das Knäuel zusammen. Auch wurden diese letzten Meter des Knäuels rot eingefärbt, damit man rechtzeitig an den gebundenen Garben sah, wann ein weiteres Knäuel nachzulegen war.

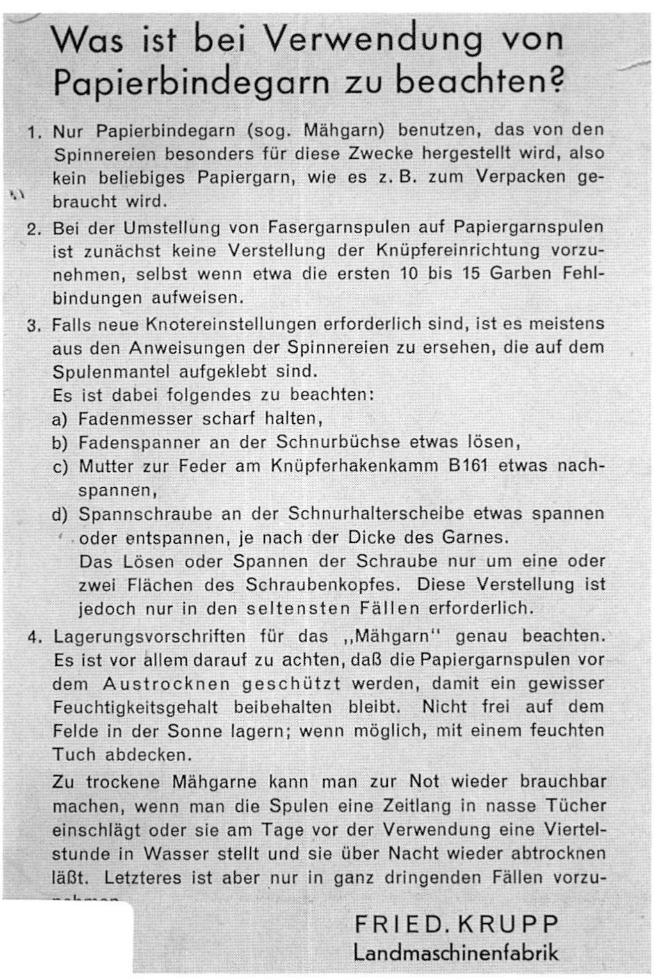

Was ist bei Verwendung von Papierbindegarn zu beachten?

1. Nur Papierbindegarn (sog. Mähgarn) benutzen, das von den Spinnereien besonders für diese Zwecke hergestellt wird, also kein beliebiges Papiergarn, wie es z. B. zum Verpacken gebraucht wird.
2. Bei der Umstellung von Fasergarnspulen auf Papiergarnspulen ist zunächst keine Verstellung der Knüpfereinrichtung vorzunehmen, selbst wenn etwa die ersten 10 bis 15 Garben Fehlbindungen aufweisen.
3. Falls neue Knotereinstellungen erforderlich sind, ist es meistens aus den Anweisungen der Spinnereien zu ersehen, die auf dem Spulenmantel aufgeklebt sind.
   Es ist dabei folgendes zu beachten:
   a) Fadenmesser scharf halten,
   b) Fadenspanner an der Schnurbüchse etwas lösen,
   c) Mutter zur Feder am Knüpferhakenkamm B161 etwas nachspannen,
   d) Spannschraube an der Schnurhalterscheibe etwas spannen oder entspannen, je nach der Dicke des Garnes.
   Das Lösen oder Spannen der Schraube nur um eine oder zwei Flächen des Schraubenkopfes. Diese Verstellung ist jedoch nur in den seltensten Fällen erforderlich.
4. Lagerungsvorschriften für das „Mähgarn" genau beachten. Es ist vor allem darauf zu achten, daß die Papiergarnspulen vor dem Austrocknen geschützt werden, damit ein gewisser Feuchtigkeitsgehalt beibehalten bleibt. Nicht frei auf dem Felde in der Sonne lagern; wenn möglich, mit einem feuchten Tuch abdecken.
   Zu trockene Mähgarne kann man zur Not wieder brauchbar machen, wenn man die Spulen eine Zeitlang in nasse Tücher einschlägt oder sie am Tage vor der Verwendung eine Viertelstunde in Wasser stellt und sie über Nacht wieder abtrocknen läßt. Letzteres ist aber nur in ganz dringenden Fällen vorzunehmen.

FRIED. KRUPP
Landmaschinenfabrik

77

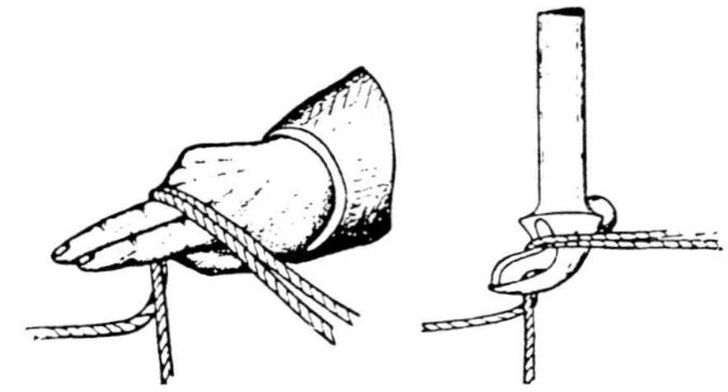

Bindfadenlage beim Beginn des Verknotens.

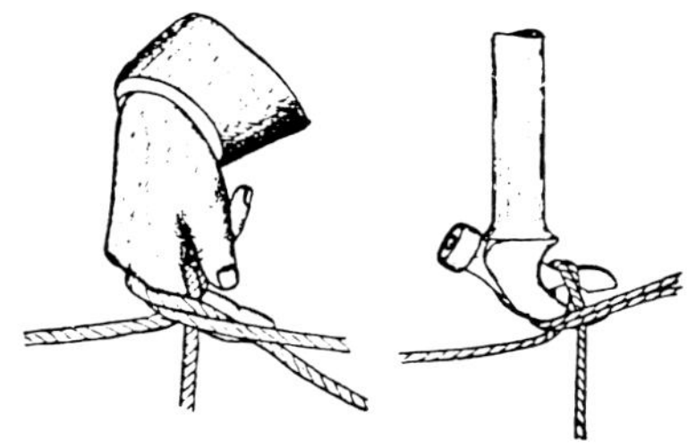

Zustand nach etwa ¾ Umdrehung des Knoters im Uhrzeigersinne.

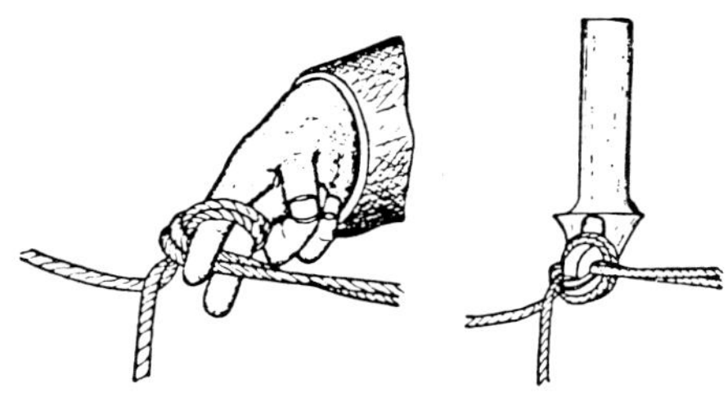

Stellung kurz vor der Vollendung einer Knoterumdrehung.

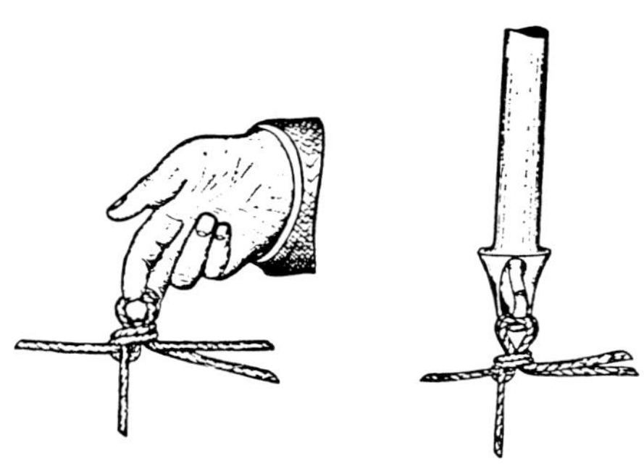

Fertige Schleifenbildung.

78

77 Lagerung und Handhabung von Papierbindegarn.

78 Wirkungsweise des Knüpfers: Vergleich der Knotenbildung durch die menschliche Hand und durch den Knoter eines Mähbinders (Schwarzer, Landmaschinenkunde).

79 Bindegarnspinnerei der IHC-Werke in Neuß am Rhein.

80 In einem McCormick-Prospekt in polnischer Sprache von 1902 wird die Fertigung von Garn von der Sisalpflanze bis zum fertigen Bindegarnknäuel erläutert.

79

McCORMICK HARVESTING MACHINE COMPANY

Na tej stronicy umieszczone jest "fac simile" medalu złotego, który został nam przyznany na wystawie Paryzkiej 19 0 r. za nasz sznurek do wiązania snopków. Takie odznaczenie jest bardzo dla nas pochlebne, dowodzi bowiem wyższości naszego wyrobu. Chcemy jednakże dojść do tego, aby przekonać naszych odbiorców, że chodzi nam o nagrodę innych sędziów: wszystkich rolników i dla tego postawiliśmy sobie za punkt honoru, ulepszać dopóty wyrób naszego sznurka, dopóki nie będzie człowieka, któryby mógł nam powiedzieć, że coś lepszego od naszego wyrobu można znaleść na świecie.

Prosimy naszych klijentów, aby raczyli zwiedzić naszą przędzalnię i przyjrzeli się robocie w niej. Przędzalnia ta jest zaopatrzona w najnowsze i najlepsze maszyny jakie tylko może wymyślić geniusz ludzki.

Przy urządzaniu naszej przędzalni mieliśmy na uwadze

Zwycięzka wystawa szpagatu McCormicka na wystawie paryzkiej, przedstawiająca krajowców zbierających i przygotowujących włókno, oraz fotografie maszyn do wyrobu sznurka i model McCormicka przędzalni sznurka.

rozmaite specyalne względy. Najlepszy sznurek nie ma wartości, jeśli jest słabo skręcony. Nasze maszyny do skręcania są otatnim wyrazem postępu. Nawet napół zużyty nasz sznurek nie rozkręca się. Otrzymaliśmy również na Wystawie Paryzkiej złoty medal za nasze maszyny do skręcania.

Mamy doskonałe sposoby do otrzymywania włókna z rośliny i używamy tylko możliwie najlepszego materyału. Jesteśmi dumni z kontyngensu naszych pracowników, których przyjmujemy dopiero po przeświadczeniu się o ich wprawie i zdolnościach. Wszystek wyrobiony sznurek przechodzi przez ścisłą kontrolę specyalnych, rewidentów, którzy pilnują, aby nasza marka fabryczna była nałożona tylko na paczki wyrobu bez zarzutu.

Kupuj szpagat McCormicka—nie oszukasz się

80

Elevator

Der Elevator des Mähbinders hatte den Zweck, das Getreide von der einen Seite des Fahrrades auf die andere Seite zum Bindetisch zu führen. Die Hebevorrichtung war ursprünglich geschlossen; damit sich auch langes Getreide bewältigen ließ, hatte man sie später seitlich geöffnet. Die Ähren sollten nicht zwischen die Tücher kommen und beschädigt werden. Die letzten Patente wurden dem „schwebenden Elevator" erteilt, der sich selbsttätig der Dickte der hinaufzuführenden Getreidemenge anpaßte. Ein solcher schwebender Elevator konnte Halmanhäufungen und plötzlich auftretendes grünes Gras, Unkraut und dergleichen ohne Störung verarbeiten; ein fester Elevator hätte sich leicht verstopft. Der schwebende Elevator schädigte auch bei kurzem Getreide die Ähren nicht mehr so stark. Diese bessere Arbeitsleistung wurde erzielt durch eine kleine technische Erfindung: der obere Elevator wurde statt wie sonst durch zwei jetzt durch vier Zahnräder angetrieben. Dadurch konnte aber auch die obere Walze möglichst weit über den Tisch gebracht werden und der Stoppelendenglätter nahe an den Auswurf des Elevators herankommen.

Eine weitere Holzwalze diente dem möglichst schnellen und glatten Übergang vom Elevator zum Bindetisch.

Die erst später auf den Markt gekommenen gummierten Bindertücher waren haltbarer als die vorher üblichen Leinentücher. Bei ihnen hatte man auch nicht mehr jenes lästige Schrumpfen und Strecken bei wechselnder Nässe und Trockenheit, so daß man nach Tau und Regen früher mit dem Mähen beginnen konnte.

81

82

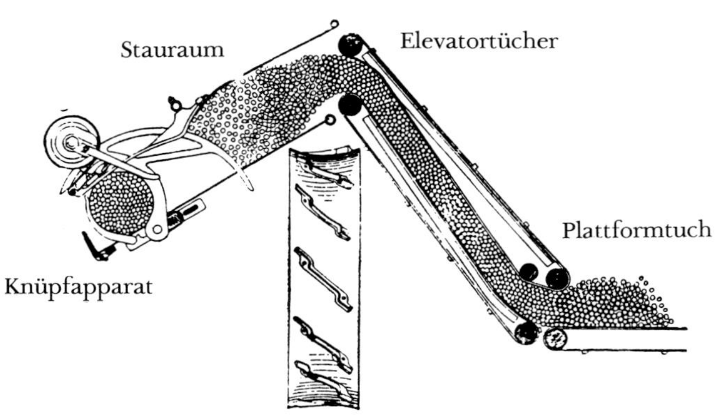

83

81 Die Fördertücher aus Leinen gaben zu vielen Störungen Anlaß, wenn sie nicht richtig behandelt wurden. Sie mußten gleichmäßig angespannt werden, sonst liefen sie schief, scheuerten sich einseitig durch, und die Holzleisten, die den Tüchern Halt und Führung gaben, brachen (McCormick 1902).

82 Tücher mit Gummischnurverbindung glichen Spannungsunterschiede bei Feuchtigkeit aus und verlängerten dadurch die Gebrauchsdauer erheblich (Fella 1954).

83 Diese Zeichnung verdeutlicht den Verlauf des Getreides durch die Elevatoren. Während des Knüpfvorganges wird das übrige Getreide durch den Rücken der Nadel im Stauraum zurückgehalten (Milwaukee 1904).

84 Gebrauchsanweisung eines Mähbinders von Lanz. – Das Aufziehen der Elevatortücher war immer eine komplizierte Arbeit. Unterschiedliche Breiten der Tücher und verschiedene Laufrichtungen erforderten ein besonderes Augenmerk.

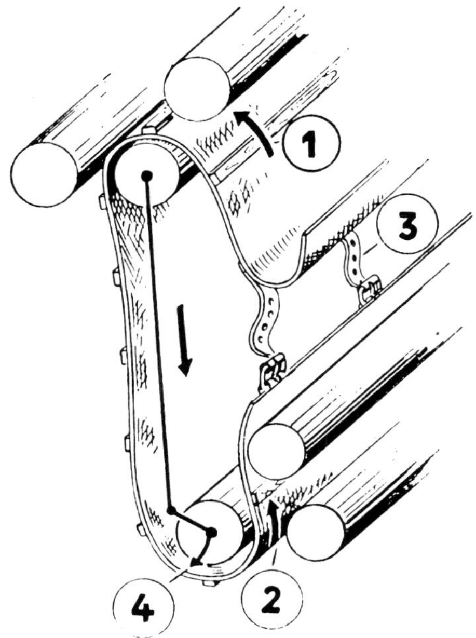

Bindertücher aufziehen.

Unteres Elevatortuch (durch Aufdruck gekennzeichnet) wie auf Bild 1 dargestellt aufziehen und mittels Schnallen lose verbinden. Es ist zu beachten, daß alle Schnallen in den gleichen Löchern der Riemen befestigt werden und nach dem Spannen des Tuches das überhängende Ende mit Schnur festgebunden wird. Untere Elevatorrolle dabei hochklappen. Durch Niederdrükken derselben Tuch spannen.

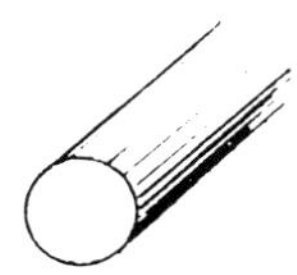

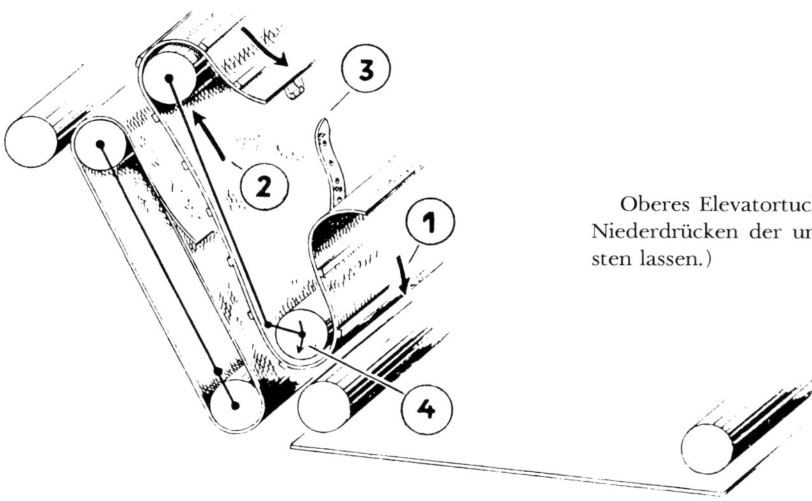

Oberes Elevatortuch dem Bild 2 gemäß aufziehen und durch Niederdrücken der unteren Rolle spannen. (Spannstange einrasten lassen.)

Plattformtuch nach Bild 3 aufziehen und nach Aufklappen der äußeren Rolle lose verbinden. Durch Niederdrücken der Rolle Tuch spannen.

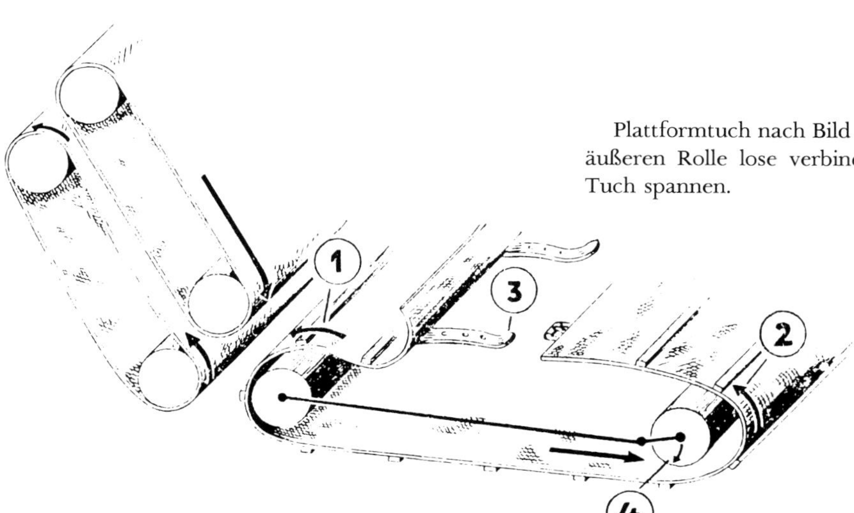

85

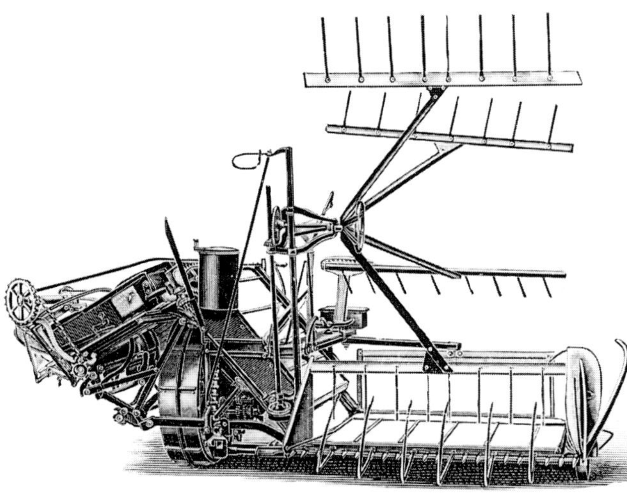

86

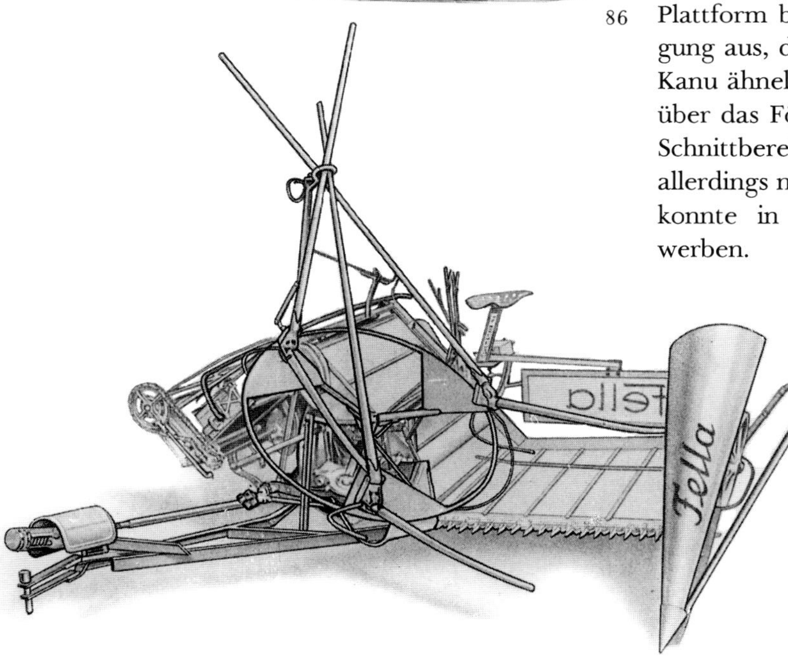

87

Haspel

Besonders in stehendem Getreide war die Haspel eine nützliche Erfindung, weil sie das Getreide gleichmäßig auf die Plattform legte. Um sie der Länge des Getreides anpassen zu können, ließ sich die Haspel nach oben oder unten verstellen. Mit der Bedienung eines zweiten Hebels wurde diese weiter nach vorne in das Getreide geschoben oder auch zurückgehalten. In der Regel besaß die Haspel sechs Latten, die mit einer bestimmten gleichmäßigen Geschwindigkeit in das Getreide eintauchten und es dem Messer zuführten. Damit man die Haspel leicht bedienen konnte, war ihr Gewicht durch eine Zugfeder ausgewuchtet. Die Drehung der Haspel wurde durch eine lange Triebwelle bewirkt, die von einem Zahnrad am Fuße des Elevators abging, unter Vermittlung eines im Haspelkopf gelagerten Kegelräderpaares. Der Haspelkopf mit seinem Kegelräderpaar glitt dann auf der Führung und auf dem Vierkant der Triebwelle auf und ab. Bei einigen Mähbindern wurde die Haspel nicht mit einer Vierkantwelle, sondern mit einer Fahrradkette angetrieben.

Aber nicht nur in glattem, stehendem, sondern auch in wirr durcheinanderliegendem Getreide sollte eine Haspel ihre Aufgabe erfüllen. Um die Wickelgefahr an der Haspel zu vermindern, war die Anbringung von Blechen am Außenende der Haspelplatten vorteilhaft. Der gesamte An- oder Abbau des Haspelwerkes war mit wenigen Handgriffen zu bewerkstelligen.

Wenn die Haspel wegen des hohen Anteils an Lagergetreide nicht zur Zufriedenheit arbeitete, konnte man sie vom Mähbinder abbauen und an ihre Stelle einen zweiten Sitz anbringen. Auf diesem Sitz saß ein Mann, der mit einem geeigneten Stiel das lagernde Getreide oder den sonst schwer zu mähenden Roggen auf die Plattform brachte. Mit dem Stiel führte er eine Bewegung aus, die etwa dem einseitigen „Paddeln" in einem Kanu ähnelte. Herunterhängende Ähren wurden gleich über das Fördertuch gebogen, so daß sie kaum in den Schnittbereich der Messer kamen. Das Heranholen war allerdings nicht ganz einfach, aber ein Bedienungsmann konnte in dieser Arbeit große Geschicklichkeit erwerben.

88

85 Für jede Getreidelänge mußte die Haspel einstellbar sein, hier im langen Getreide.

86 Linksschneidender Mähbinder, ausgerüstet für Lagergetreide mit Ährenheber und langen Haspelzinken (John Schulz).

87 Der Erfinder Leege ahmte den Vorgang der Handablage mit einem Stiel nach. Anstelle der üblichen Haspel setzte er eine verstellbare Kreisscheibe, die mit drei Holzstäben besetzt war. Diese Stäbe faßten seitlich in das Getreide, richteten es auf und führten es der Plattform zu. Damit gelang es, auch stark einseitig lagerndes Getreide noch mit unwesentlichen Verlusten zu mähen. Dieses „System Leege“ haben einige Firmen angewandt wie die Deutschen Industrie-Werke (DIW), Spandau und Fella, Feucht bei Nürnberg.

88 Ebenso wurde das kurze Gertreide auch noch erfaßt (McCormick, 1902).

89

90

89 Ein Fordson-Schlepper (22 PS) mit einem Krupp-Fahr-Mähbinder. Die Person vorne auf der Maschine hält einen Stab zum Ablegen des Getreides in der Hand. Hof Klosterkemper, Münster-Mecklenbeck (1927).

90/91 Kaffeetrinken war in der Ernte eine begehrte Pause, um sich von den Arbeitsstrapazen zu erholen. Hierzu wurde die Verpflegung nicht mitgenommen, sondern vom Hof gebracht. Es gab reichlich kalten Kaffee, Saft oder auch Buttermilch. Natürlich fehlten auch die deftigen Butterbrote nicht. Sprudelwasser oder ähnliche Getränke waren damals auf den Höfen noch nicht üblich. So wurde dann etwa 20 Minuten lang die Arbeit vergessen, um sich für die nächsten paar Stunden zu stärken. Die Pferde hatten für die Zeit selbstverständlich auch Pause und konnten ihre sehr stark beanspruchten Muskeln entspannen. Hof Schulte Wilbrenning, Münster-Amelsbüren.

91

92

93

94

95

96

92 Linksschneidender Mähbinder, gezogen von einem Hanomag-Schlepper und mit drei Mann Besatzung: ein Schlepperfahrer, einer, der das Getreide ablegte, und einer, der die Maschine überwachte und notwendige Veränderungen einstellte. Hof Henrichmann, Münster-Altenroxel (1936).

93 Das „Ablegen" des Getreides auf das Fördertuch mit einem Stab glich der Bewegung eines Paddlers in seinem Boot.

94 Gewissenhaftes Überwachen war die beste Voraussetzung für ein gutes Funktionieren der Maschine.

95 Ein 17-PS-Güldner-Schlepper aus dem Jahre 1952 und ein rechtsschneidender Lanz-Mähbinder von 5 Fuß Schnittbreite mit nachträglich eingebauter Zapfwelle in der Ernte 1959 auf dem Hof Eggert, Münster-Mecklenbeck.

96 Ein Student als Erntehelfer (1959).

Mähbinder auf der Straße

97

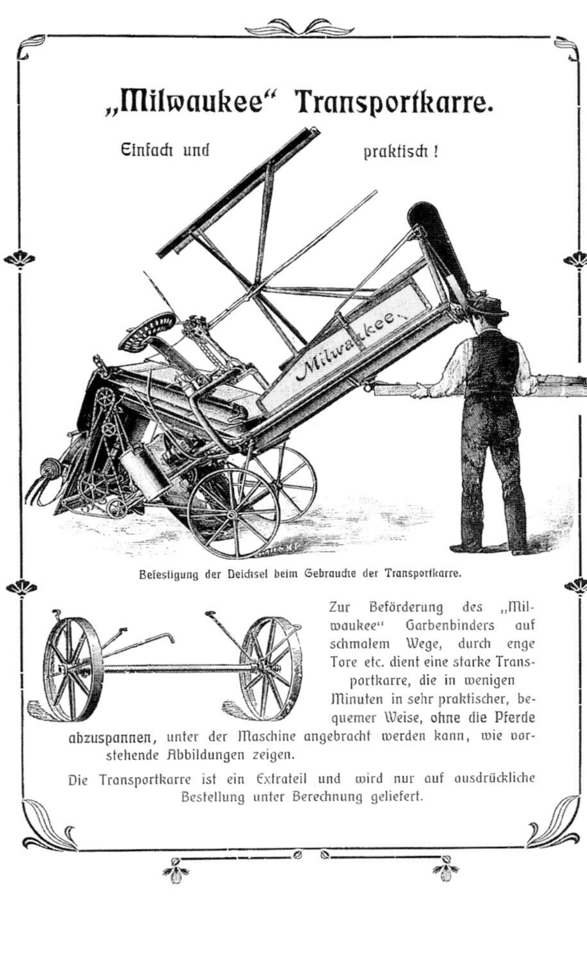

98

99

97 Durch Umbau war es möglich, auf schmalen Wegen, durch enge Tore sowie durch Hofeinfahrten zu kommen (Krupp).

98 Herrichtung und Umbau eines Mähbinders für den Straßentransport (Milwaukee, 1904).

99 Dreispännig in Straßenfahrtstellung (Krupp-Fahr).

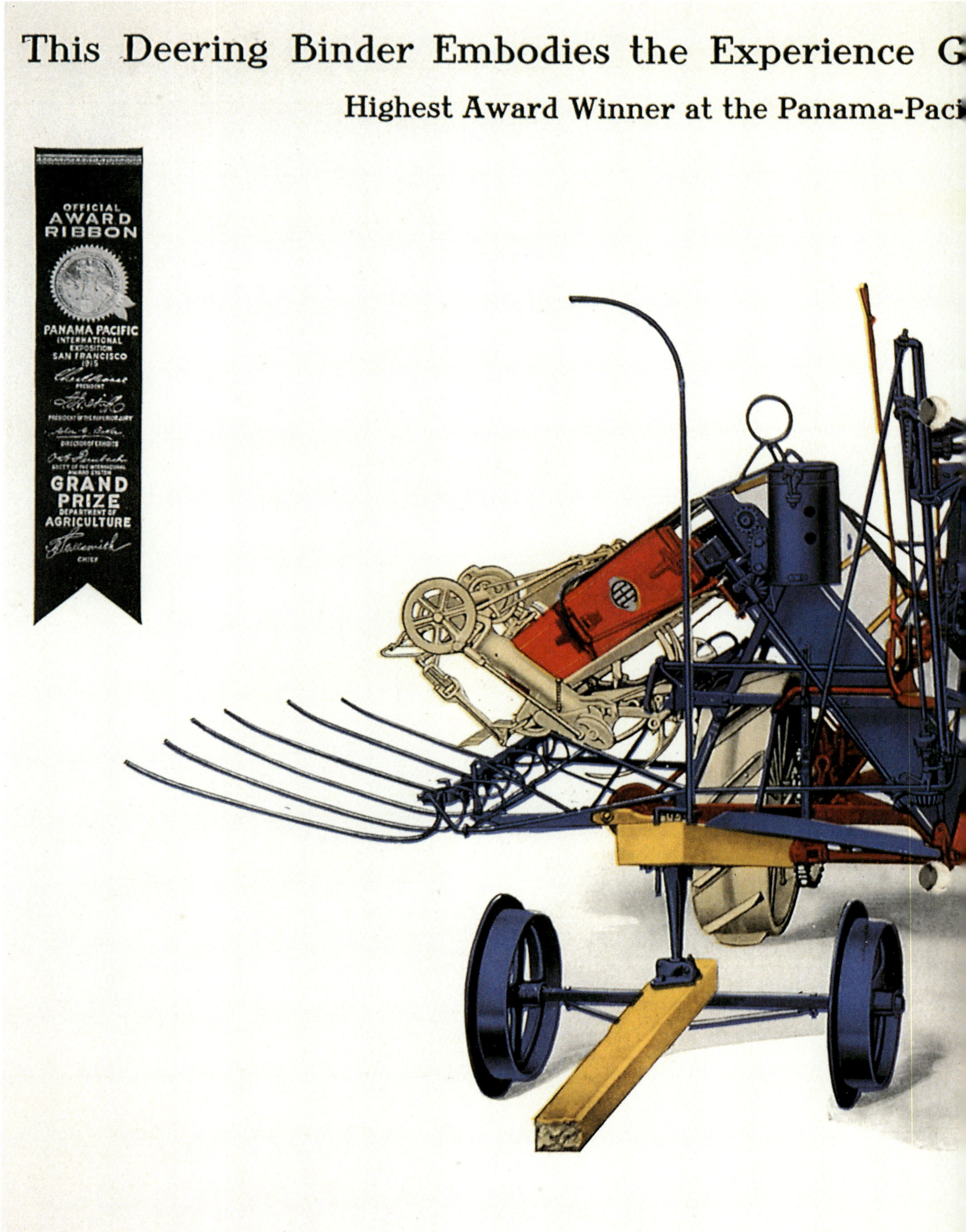

100 Dieser Deering-Binder vereinigt in sich die Erfahrung, die in Bau und Verkauf von annähernd zwei Millionen Maschinen gewonnen wurde. Gewinner des Ersten Preises bei der Internationalen Panama-Pazifik-Ausstellung, San Franzisko, 1915.

ed In Building and Selling Nearly 2,000,000 Binders

ternational Exposition, San Francisco, 1915

Made in four sizes—with 5, 6, 7 and 8-foot cutter bars.

The 7 and 8-foot sizes are regularly equipped with outside steel reel supports.

Tongue truck is regular with 8-foot size but can be furnished with all sizes.

Deichsel – Vorderwagen

Ursprünglich fuhren die Mähbinder ohne Vorderwagen und nur mit einer langen Deichsel. Da die Mähbinder nur auf zwei Rädern liefen, mußte die Gewichtsverteilung günstig ausbalanciert sein, so daß der vordere Teil etwas schwerer als der hintere Teil war. Die Pferde trugen mit ihrem Geschirr die Deichsel. Bei Verstopfen der Maschine konnten die Pferde diese leicht zurückstoßen, und die Störung war behoben. Ein leichtes Schlenkern und Schlingern war trotz guter Anspannung kaum zu verhindern.

Ein Vorderwagen behob diesen Mißstand vollständig und sollte insbesondere dort Verwendung finden, wo die Pferde Brustblattgeschirre trugen. Mähbinder mit Vorderwagen und Deichsel hatten den Vorteil, daß das Gewicht der Maschine jetzt auf dem Vorderwagen und nicht mehr auf dem Nacken der Pferde zu liegen kam. Mit Vorderwagen war eine konstante Einstellung der Maschine gegeben. Ein geradliniges Zurückstoßen mit Vorderwagen und langer Deichsel war nur mit einer automatisch arbeitenden Feststellvorrichtung möglich. Ältere Modelle besaßen diese Einrichtung nicht, was zur Folge hatte, daß die Laufräder beim Zurückstoßen sich um die Mittelachse schwenkten und das Zurückfahren sofort blockierten. Vorderwagen ohne Deichsel waren nur in ebenem Gelände angebracht. In abschüssigem Gelände oder bei Straßenfahrt hätten die Pferde keine Möglichkeit gehabt, die Maschine zurückzuhalten.

Beim Schlepperzug erübrigte sich der Vorderwagen, hier wurde die Deichsel hinten am Schlepper aufgesattelt.

Die Firma Fahr baute ab 1914 Vorderwagen.

101

101 Mähbinder rechtsschneidend ohne Vorderwagen mit langer Deichsel für zwei Pferde (Massey-Harris).

102 Mähbinder linksschneidend ohne Vorderwagen mit langer Deichsel für drei Pferde (Krupp).

103 Mähbinder rechtsschneidend mit Vorderwagen und langer Deichsel. Die vorne auf dem Vorderwagen nach oben stehende gebogene Stange diente dazu, die Leine bei Kurvenfahrt von der Haspel fernzuhalten, damit sich diese nicht darin verwickelte (Fahr).

104 Mähbinder linksschneidend nur mit Vorderwagen, dreispännig. In bergigem Gelände war diese Fahrweise nicht zweckmäßig, da keine Bremse vorhanden war.

102

103

104

105

106

107

105 Ein McCormick-Mähbinder, der von zwei Kühen gezogen wird. Bei Inbetriebnahme im Jahre 1910 bei Emskirchen, Bez. Neustadt a. d. Aisch, war ein großes Aufgebot von Leuten zugegen. Im Jahre 1951 war dieser Mähbinder noch in Betrieb.

106 Vier „Milwaukee-Mähbinder“, von jeweils zwei Pferden gezogen, seitlich versetzt hintereinander. Vorne links im Bild der Gutsinspektor oder Aufseher, der vom Pferd aus die ganze Arbeit überwachen konnte. Um 1900.

107 Haferernte 1958, Münster-Hiltrup. Linksschneidender McCormick-Mähbinder mit rotierendem Halmteiler (Schnecke), gezogen von einem 20-PS-Lanz-Bulldog. Im Hintergrund zu Hokken (Richten) aufgestellte Garben. Hof Hackenesch.

108 Rapsernte 1947, Münster-Mecklenbeck. Rechtsschneidender Gespannmähbinder, 5 Fuß Schnittbreite (Lanz), gezogen von einem 11-PS-Deutz-Schlepper, gefahren vom Autor dieses Buches. Beim Kauf im Jahre 1944 kostete dieser Mähbinder 978 RM. Hof Eggert.

108

Mähbinder in Lagergetreide

109

Lagergetreide war immer schwieriger zu mähen als stehendes, weil es nach allen Seiten liegen konnte. Aus diesem Grunde gab es rechts- und linksschneidende Mähbinder. Für welchen Mähbinder sich der Landwirt beim Kauf entscheiden mußte, lag an der Ausrichtung der Äcker zur Himmelsrichtung. Langjährige Beobachtungen ergaben, zumindest für hiesige Verhältnisse, daß sich das Getreide bei Regen und Unwetter entsprechend der Hauptwindrichtung von West/Südwest nach Ost/Nordost legte. Da die Äcker mehr eine rechteckige als eine quadratische Form haben, war bei einem Acker in Nord/Süd-Richtung ein linksschneidender Mähbinder und in West/Ost-Richtung ein rechtsschneidender Mähbinder angebracht. Wo solche Probleme nicht vorlagen, war ein Gespannmähbinder mit Rechtsschnitt vorzuziehen. Der eine Bedienungsmann konnte die Zügelführung mit der linken und die Bedienung der Hebel mit der rechten Hand ausführen. Für größere landwirtschaftliche Betriebe, die zum Abernten ihrer Flächen mehrere Mähbinder haben mußten, war es vorteilhaft, über rechts- und linksschneidende Mähbinder zu verfügen. Es wurde möglichst so gefahren, daß die Ähren dem Außenteiler zu lagen, also nach außen rückwärts. Das Getreide lag aber nicht immer günstig in einer Richtung, es konnte auch wirr durcheinander liegen. Diesen Nachteil konnte man durch Zusatzeinrichtungen in etwa wettmachen. Vor dem Mähwerk wurden Ährenheber angebracht, die federnd am Schneidebalken befestigt wurden, damit sie sich den Bodenunebenheiten besser anpassen konnten. Diese Ährenheber, drei oder vier Stück, je nach Schnittbreite, schoben sich unter das Getreide und hoben es an. Sodann nahm die Haspel, welche teilweise mit Zinken ausgerüstet war, das Getreide und legte es auf die Plattform. Außerdem konnten noch Haspelflügelbleche angebracht werden, die verhindern sollten, daß sich langes Getreide um die Haspel herumwickelte.

Eine weitere zusätzliche wesentliche Verbesserung war eine angetriebene Halmteilerschnecke, die statt des Außenteilers angebracht war. Diese Schnecke wand sich, ja bohrte sich förmlich durch das liegende und teils grün durchwachsene Getreide und drehte es zur Plattform hin. Mit dieser Ausrüstung konnte bei lagerndem Getreide oft rundherum gemäht werden. Nur bei besonders schwierigen Verhältnissen konnte man nur auf einer Seite mähen.

109 Eine Kommission begutachtet einen Krupp-Lagerfruchtmähbinder (1935).

110 Rechtsschneidender Mähbinder mit kurzen Haspelzinken, lang vorstehenden Ährenhebern und Vorderwagen (Krupp).

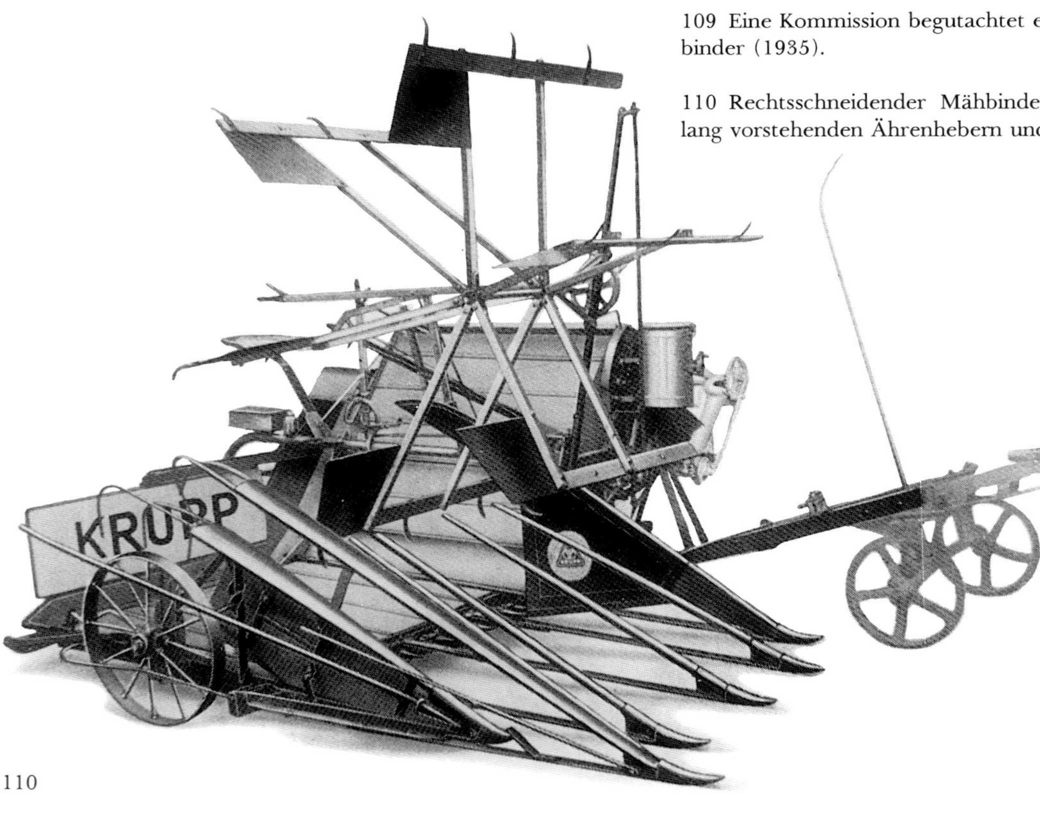

110

Stoppelendenglätter

Vor dem Bindevorgang wurden die auf dem Bindetisch ankommenden Halme durch ein Staucherbrett, das sich rüttelnd hin- und herbewegte, auf Kante gestoßen und gleichgerichtet. Dadurch hatten die zu Hocken aufgestellten Garben einen besseren Stand und fielen nicht sogleich beim ersten Windstoß um. Bei Schleppermähbindern benutzte man auch ein Endlosband als Stoppelendenglätter.

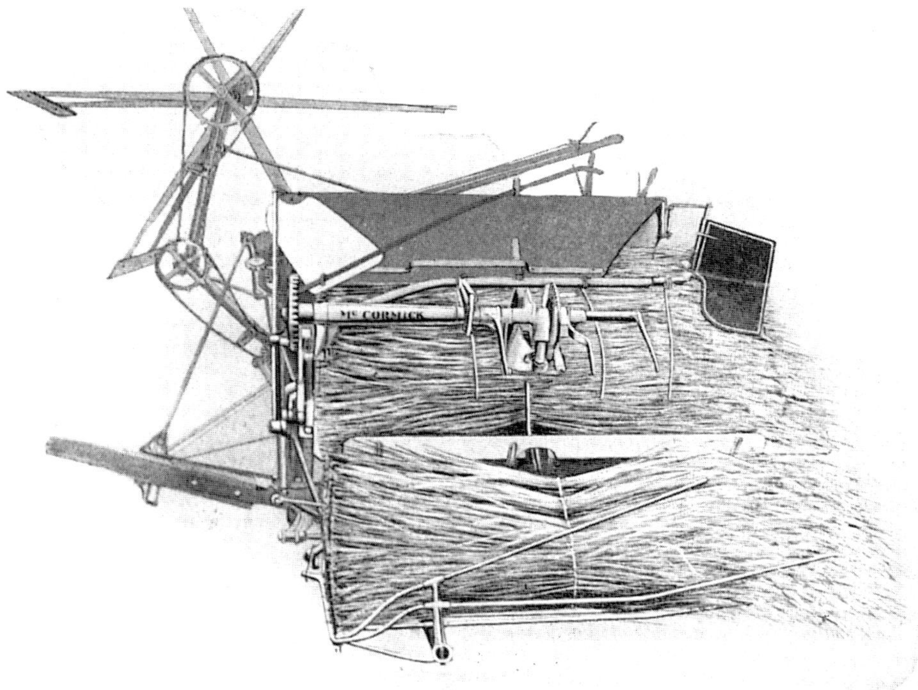

111

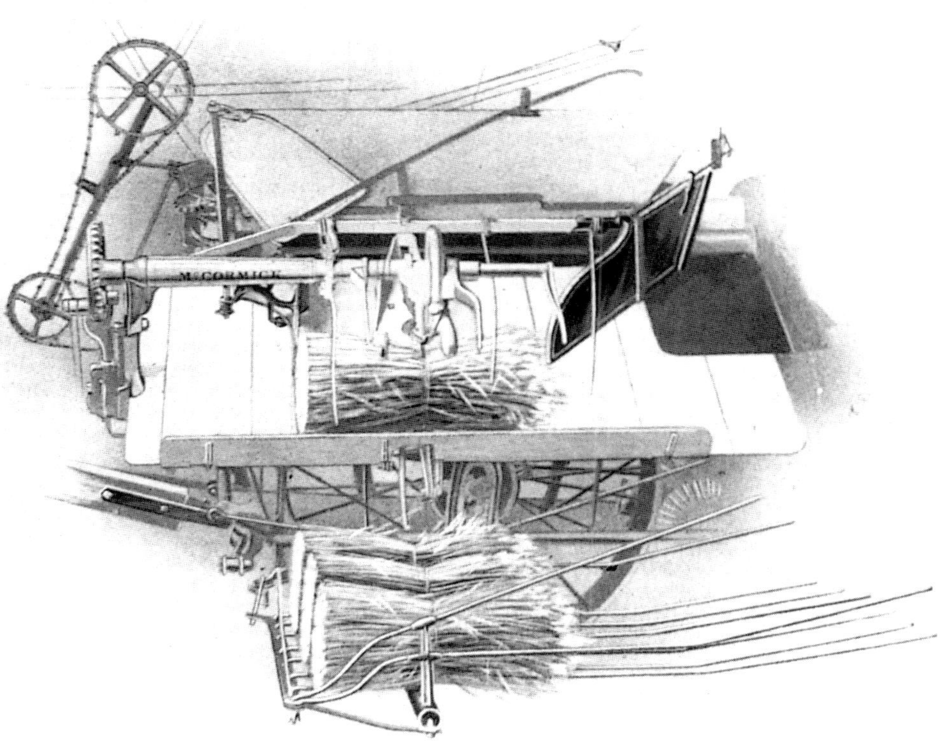

112

111/112 So arbeitet der Stoppelendenglätter, auch bei verschieden langem Getreide. McCormick-Mähbinder mit Garbensammler.

Garbensammler und Garbentrenner

Ein einfacher Mähbinder ohne Zusatzeinrichtung warf jede einzelne Garbe ab. In glatt stehendem Getreide ging dies ohne Schwierigkeiten, aber sobald das Getreide wirr durcheinander lag, hingen die Garben aneinander und schleiften über dem Boden nach, wodurch noch einiges an Korn verlorenging. Auch gerieten die Garben leicht in das Kettengetriebe am rückwärtigen Teil des Mähbinders. Die geschnittenen Halme kamen ungeordnet und durcheinanderliegend zum Bindetisch, wo beim Bindevorgang einige Halme von dem ungebundenen Getreide mitgerissen wurden, oder Halme von dem fertigen Bund saßen noch in dem Packerbereich. Wegen dieser schlechten Trennung der Garben mußte oft ein Junge hinterherlaufen und die Garben abziehen.

Ein *Garbentrenner* schaffte Abhilfe. Es war eine haspelähnliche Vorrichtung, welche automatisch arbeitete und die Garben mit einer größeren Wucht auswarf, dabei aber unvermeidlich etwas höhere Ausfälle verursachte. Als Zusatzeinrichtung wurden ab 1902 Garbenabwerfer (Garbentrenner) in englische Fabrikate eingebaut.

Eckgarbenträger wurden vom Fahrersitz aus durch Fußhebel betätigt. Sie dienten dazu, Hilfskräfte für das Beiseiteschaffen von Garben im Wenderaum an den Ecken einzusparen. Es waren korbähnlich gebogene Zinken, die drei bis vier Garben festhielten und auf einmal fallen ließen.

Garbensammler dienten dazu, mehrere Garben auf eine Zinkenplattform zu befördern und in gleichmäßigen Abständen abzulegen. So wurde das Zusammentragen durch Handarbeit gespart.

Größere *Garbensammelwagen* liefen neben dem Mähbinder her und sammelten die ausgeworfenen Garben. Die Garben wurden dann in gewissen Abständen hockenweise von dem Wagen abgelegt. Wo dichtes Getreide stand und die Garben eng zusammen lagen, haben Sammelwagen sich nicht bewährt. Sie waren nur da zweckmäßig, wo es wenig Garben auf einer großen Fläche gab.

Sammelkästen sammelten ungebundenes, dünn stehendes Getreide, ähnlich einem Heurechen, und ließen es bei Bedarf fallen.

113

114

115

116

117

113 Sammelkasten für ungebundenes Getreide (Deering 1915).

114 Ein Eckgarbenträger sammelte einige Garben und ermöglichte eine freie Umfahrt an den Feldecken (Fella).

115 Amerikanische Mähbinder, linksschneidend, mit Garbensammler. Das lange Getreide ragt weit nach hinten über die Fördertücher (Elevatoren) hinaus. Im Hintergrund sauber abgelegte Garben (Massey-Harris).

116 Garbensammelwagen

117 Am Mähbinder angebauter Garbentrenner (Krupp 1939).

118 Garbentrenner in Verbindung mit einem Überbrückungsblech; der Sammelwagen läuft in etwa 1 m Abstand vom Mähbinder (Gebr. Lohmann).

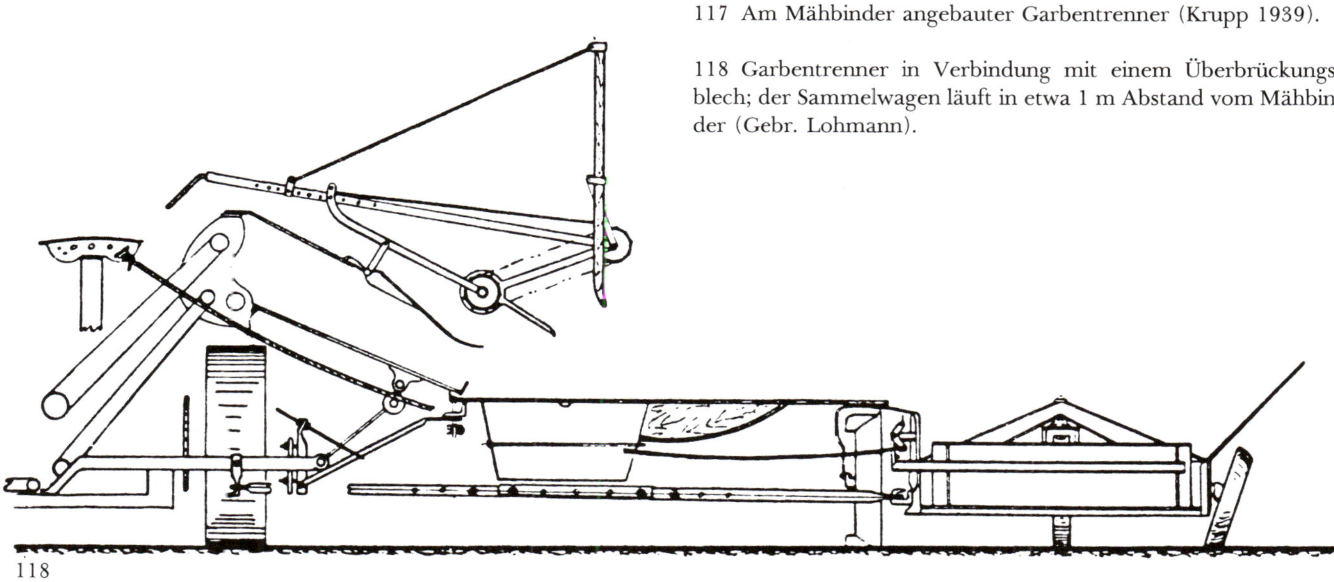

118

119

120

Mit Zapfwelle angetriebene Mähbinder

Mit dem Aufkommen der Schlepper wurden auch vermehrt Gespannmähbinder hinter Schleppern verwendet. Doch diese Maschinen, die nur für Pferdezug gebaut waren, hielten die Beanspruchung durch den schneller fahrenden Schlepper nicht immer aus. Besonders wenn nachträglich ein Zapfwellenantrieb an den Mähbinder angebaut worden war, war wegen der höheren Beanspruchung eine längere Lebensdauer der Maschine kaum zu erwarten.

Die Firma Krupp brachte 1927 als Neuheit den Zapfwellenmähbinder bis zu einer Schnittbreite von 8 Fuß heraus. Er war für den Schlepper gebaut und auch der Beanspruchung durch den Schlepper gewachsen. Der Hauptvorteil des zapfwellengetriebenen Mähbinders lag in der Antriebsleistung. Sie wurde völlig unabhängig von Boden und Rädern unmittelbar durch die Zapfwelle auf den Mähbinder übertragen, so daß insbesondere das Schneidwerk stets gleichmäßig auch bei stehendem Schlepper weiterarbeitete. Das war beim Anfahren, nach Verstopfungen der Maschine, in verunkrauteter Frucht und im Lagergetreide von allergrößtem Wert. Außerdem brauchte der Mähbinder beim Anfahren (wie es noch beim pferdegezogenen Mähbinder der Fall war) nicht mehr zurückgestoßen zu werden. Das große Rad lief jetzt bei der Arbeit einfach mit, so daß der Mähbinder dadurch im Unterschied zum Bodenantrieb sehr leichtzügig wurde; er wurde ja nur gezogen. Messer, Tücher, Knoter usw. trieb der Schlepper an.

Der Verlust durch Radschlupf wurde ganz ausgeschaltet. Dazu kam die höhere Geschwindigkeit und für stärkere Schlepper die größere Schnittbreite. Die Antriebskette des Hauptrades erübrigte sich und wurde entfernt. Auch konnte das Hauptrad mit seinen Profileisen, die das Rutschen verhindern sollten, durch einen leichten Gummireifen ersetzt werden. Amerikanische Mähbinder hatten bis zu 12 Fuß Schnittbreite. Bei diesen Schnittbreiten den üblichen europäischen Getreidemengen und der schnelleren Fahrt beim Schneiden nicht mehr angepaßt, wurde der Bindeapparat stark beansprucht. In jeder Sekunde mußte eine Garbe gebunden und ausgeworfen werden, so daß der Bindeapparat ständig in Bewegung war.

121

122

119 Neben den von Pferden gezogenen baute Krupp ab 1927 als erstes Unternehmen einen größeren, vom Schlepper mit einer Zapfwelle angetriebenen Mähbinder (Vorderansicht).

120 Mit Zapfwelle versehener Mähbinder Typ 5. Dieser Typ wurde auch ohne Zapfwelle nur für Bodenantrieb gebaut (Deering, Hinteransicht).

121 Der Krupp-Mähbinder mit Zapfwellenantrieb, gezogen von einem 28-PS-Stock-Raupenschlepper, im Einsatz.

122 Der gleiche Mähbinder mit Zapfwellenantrieb wie Abb. 120, gezogen von einem eisenbereiften 20-PS-IHC-Traktor.

Mehrere Mähbinder hinter einer Zugmaschine

Größere Betriebe, die über einen Schlepper verfügten, konnten diesen besser ausnutzen, wenn mehrere Mähbinder angehängt wurden. Schräg gestaffelt fuhren die Mähbinder hintereinander her. Es gab besondere Lenkvorrichtungen, mit denen jede Maschine unabhängig von den anderen gesteuert werden konnte.

Die vorderen Mähbinder wurden vom Zug der nachfolgenden durch ein besonderes Gestänge entlastet. Jeder Mähbinder ließ sich dabei einzeln in das Getreide und aus ihm herausfahren, ohne daß er das Arbeiten der übrigen Maschinen beeinträchtigte. Auf diese Weise konnten wenige Leute in kurzer Zeit ausgedehnte Getreidefelder abernten.

123 Funktionsweise eines Binderlenkers (Krupp).

124 Um die Motorleistung der großen Zugmaschinen besser auszunutzen, wurden mehrere Mähbinder angehängt. Durch Vergrößerung der Schnittbreite wurden noch günstigere Betriebsbedingungen angestrebt (Deering).

125 Zeichnerische Darstellung mehrerer Mähbinder hinter einer großen Zugmaschine; jede Maschine wurde mit einem Binderlenker gesteuert (Krupp).

126 Zwei leichtere Mähbinder hinter einem Pöhl-Schlepper.

127 Zwei Mähbinder vom Schlepper mit einer Zapfwelle angetrieben und angekuppelt durch eine Lythallkupplung. Seitlich je ein Garbensammelwagen (Lythall, Oldesloe, Schleswig-Holstein).

128 Ein Raupenschlepper zieht aneinandergekuppelte und mit einem Binderlenker ausgerüstete Mähbinder (Krupp).

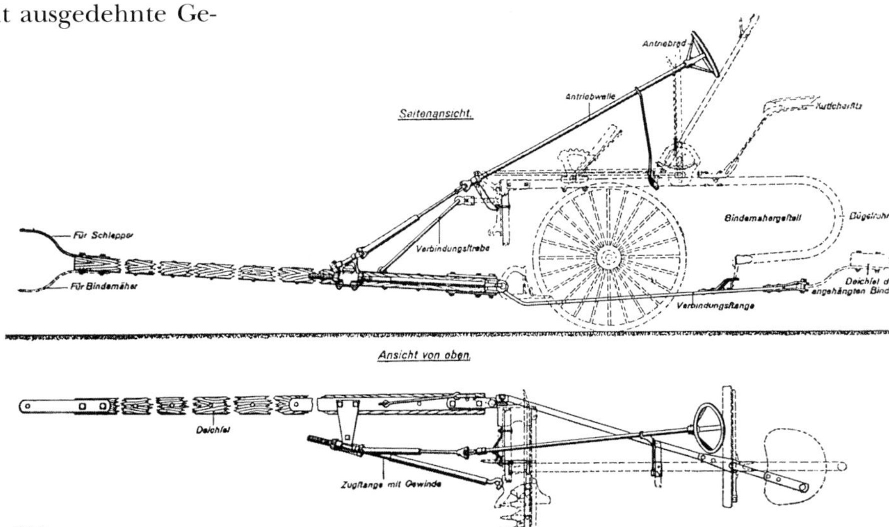

123

124

125

126

127

128

Mähbinder mit aufgesatteltem Motor

129/130 Ein leichter 1-Zylinder-Verbrennungsmotor von etwa 6 PS mit Fliehkraftregler zur Einhaltung gleicher Drehzahl und mit Luftfilter wird hinten am Rahmen des Mähbinders eingebaut und treibt über einen Kettenantrieb unter Zwischenschaltung einer Rutschkupplung den gesamten Mechanismus an. Der Motor konnte nicht nur als Erntehelfer benutzt, sondern auch auf Hackmaschine, Drillmaschine aufgesetzt und bei Hofarbeiten verwendet werden.

129

130

Plattformmähbinder, Eintuchmähbinder

Die erste Konstruktion der amerikanischen Firma Adriance, Platt & Co. (um 1900) hatte keine praktische Bedeutung. Die Idee, die Getreidehalme diesseits des Fahrrades, also dort wo sich die Plattform befand, zu belassen und dadurch den ganzen Elevator mit seinen Tüchern zu sparen, hat sich nicht durchgesetzt. Um 1930 haben Engländer versucht, den tücherlosen Plattformmähbinder zu konstruieren, auch ohne Erfolg. Von Dänemark kam eine weitere Entwicklung eines Eintuchmähbinders. Durch den Zapfwellenantrieb war die Bodenhaftung des Hauptrades überflüssig geworden und es war nicht mehr notwendig, den Bindetisch über dieses zu verlegen und die Halme darüber weg zu befördern. Ohne Tuch- oder Walzenelevator nahmen die Arme des Packers die Halme von der Plattform und drückten sie nach oben, wodurch so viel Höhe gewonnen wurde, daß die Nadel genügend Durchgang hatte und die Garbe ausgeworfen werden konnte. Am Ende der Mähbinderentwicklung wurde nochmals von verschiedenen Firmen der Eintuchmähbinder gebaut, denn er versprach wegen der leichten Bauweise Verbilligung für die Kleinbetriebe. Unter Verwendung des Zapfwellenantriebs wurde der Mähbinder durch einen Luftreifen in der Bauweise niedrig gehalten. Dadurch war es möglich, durch eine Förderwalze, die mit Zinken besetzt war, oder durch schwingende Förderer, das Getreide zur Knüpfvorrichtung zu hieven. Auch auf Stoppelendenglätter wurde aus Kostengründen verzichtet. Da wesentliche Bauteile weggelassen waren, gab es Probleme mit Lagergetreide. Auch der tücherlose Mähbinder von -JF- aus Dänemark sowie alle zuletzt gebauten Modelle haben ihre Zeit nicht mehr überlebt; sie alle wurden vom Mähdrescher verdrängt. Während der Mähbinderzeit haben sich alle die Maschinen bewährt, deren Konstruktion von dem Grundmodell von „Deering“ mit seinen Elevatortüchern abgeleitet worden war.

131 Plattformmähbinder, bei dem der Fahrer außerhalb der Maschine saß. Die Garben wurden rückwärts abgeworfen (Adriance, Platt & Co., New York, um 1900).

131

1950
Erster luftgekühlter
Deutz-Schlepper
F1L 514

132

133

134

132 Der erste luftgekühlte Deutz-Schlepper zieht einen Plattformmähbinder mit einer Bedienungsperson (-JF-, Dänemark, 1950).

133 Der gleiche -JF-Plattformmähbinder als Schiebemähbinder konstruiert. Die Bedienung erfolgt vom Schlepperfahrer. Der Deutz-Schlepper fährt rückwärts.

134 Plattformmähbinder als Förderwalzen-Eintuchbinder (Ing. Heinrich Kuhlmann, Bad Oeynhausen-Eidinghausen 1956).

135 Mähbinder der Firma Seiga (Dänemark). Diese Maschine war als Frontschneider ohne Fördertücher mit einer Breite von 5 ½ Fuß konstruiert. Das geschnittene Getreide wurde senkrecht dem Bindeapparat zugeführt.

135

Firmen

136

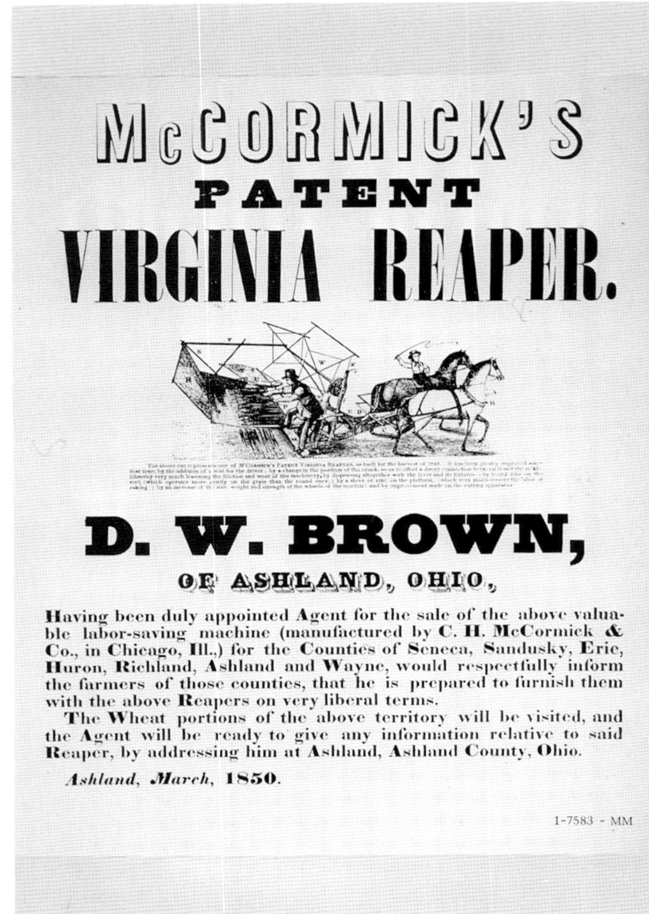

137

138

139

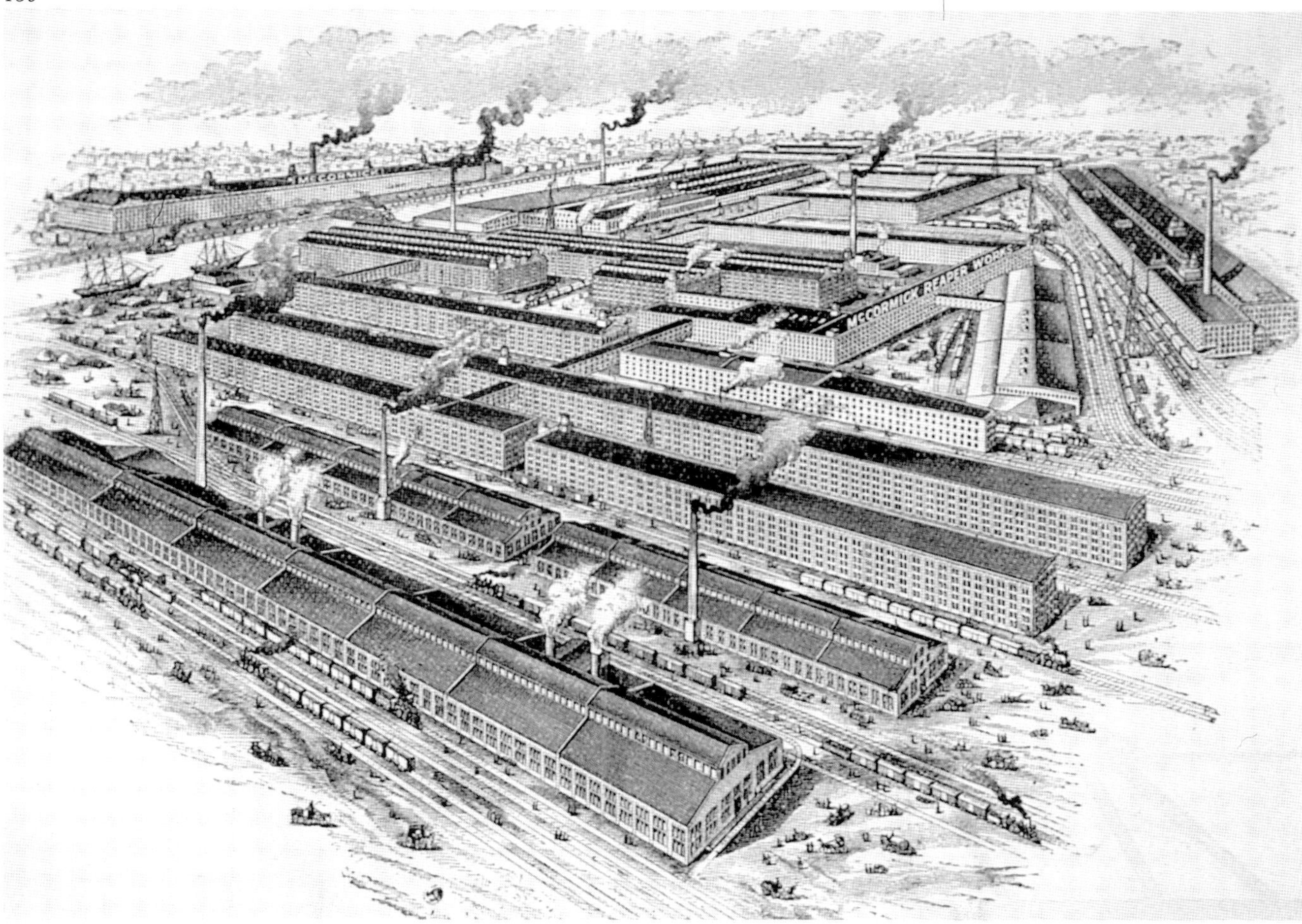

140

136 In dieser kleinen Schmiede entwickelte C. Hall McCormick den ersten brauchbaren Getreidemäher.

137 McCormicks Patentbescheinigung.

138 Auf einer volksfestähnlichen Veranstaltung werden von McCormick entwickelte Mähmaschinen vorgeführt.

139 Im Jahre 1846 wurde die erste Fabrik für Getreidemäher am Nordufer des Chicagoflusses in der Nähe des Michigansees errichtet. C. H. McCormick verlegte sich nicht nur auf die industrielle Herstellung von Mähmaschinen, sondern er entwickelte auch gleichzeitig neuartige Verkaufs- und Werbemethoden.

140 Die später errichtete McCormick-Mähmaschinenfabrik in Chicago. Größte Fabrik der Welt von Mähmaschinen und Binderbindfaden.

D. P. 1055 9-3-03 12 3-5 M.

Preserve this Pamphlet for Reference when Repairs are Wanted.

Man hebe sich dieses Pamphlet auf, damit man nachschlagen kann wenn Ersatzstücke nöthig sind.

DIRECTIONS

FOR

SETTING UP AND OPERATING

THE

McCORMICK

Vertical Lift Mower

WITH

Price List and Plates of Duplicate Parts.

Anleitung zum Aufstellen und Inbetriebsetzen

..nebst..

Preis-Liste für Ersatzteile

des zweispännigen

McCormick Gras-Mähers

„Vertical."

McCORMICK HARVESTINC MACHINE CO.

m. b. H.

Berlin S. 14, Dresdener Str. 34-35.

McCORMICK DIVISION

International Harvester Company

CHICAGO. U. S. A.

OFFICE
MICHIGAN AVE. AND MONROE ST.

WORKS
BLUE ISLAND AND WESTERN AVES.

141

Man benutze nur Original-Mc Cormick-Teile.

Vor nachgemachten Teilen wird gewarnt; dieselben passen häufig nicht genau und schädigen die Maschine.

Anweisungen

zur

Aufstellung und Handhabung

des

Mc Cormick Garbenbinders

mit offenen Elevatoren für Rechtsschnitt

nebst Preisliste und Abbildungen der Reserveteile.

Mc Cormick Harvesting Machine Company

Chicago, U. S. A.

General-Depôt:

Hamburg, Kammermannstwiete 5.

Telegramm-Adresse:

Macormick Hamburg.

142

143

141/142 Zwei McCormick-Titelblätter in Jugendstilaufmachung.

143 Die erste von C. Hall McCormick im Jahre 1831 entwickelte Mähmaschine im Einsatz auf einem Getreidefeld. Ein Arbeiter ging nebenher und raffte jeweils die Menge einer Getreidegarbe von der Plattform. Andere Arbeiter banden die Getreidehalme zu Garben und stellten sie auf.

144 Erntemaschinenkatalog aus dem Jahr 1904: Die aufgehende „Milwaukee-Sonne" über riesigen Weizenfeldern. Das Getreidefeld mit dem nicht allzu langen Weizen wird gemäht mit einer Getreidemähmaschine mit Bindeapparat (Mähbinder), welche von der „Deutschen Landwirtschaftsgesellschaft" im August 1898 mit dem Prädikat „neu und beachtenswert" sowie der „großen bronzenen Denkmünze" für neue Geräte ausgezeichnet wurde. Ebenso wurde der Mähbinder „Milwaukee Nr. 11" von der DLG im Juli 1902 bei Magdeburg einer Prüfung von sechs amerikanischen Mähbindern als in baulicher Hinsicht sehr gut durchkonstruierte Maschine lobend bewertet. Der Mähbinder wird von zwei rassigen Pferden gezogen. Ausgestattet ist die Maschine mit einem Garbenträger, dieser behält die Garben und läßt sie erst fallen, sobald sich einige angesammelt haben. Auf dem Bild sind keine vom Mähbinder abgeworfenen Garben zu sehen, vielleicht wäre dadurch die Bildkomposition gestört worden. Auf dem unteren Teil des Elevators befindet sich ein Windschutz mit der Aufschrift „Milwaukee".

Im vorderen Teil des Bildes sieht ein kräftiger Schnitter mit aufgekrempelten Hemdsärmeln und breitrandigem Cowboyhut sowie hochhackigen Schaftstiefeln zu, wie leicht die Erntearbeit vonstatten geht. Ob er sich auch einen modernen Mähbinder wünscht oder ob er um seine Arbeit als Schnitter bangt – wer weiß das? In seiner linken Hand hält er eine Gestellsense (Reff). Diese diente dazu, das gemähte Getreide in flachliegende Schwaden niederzulegen. Im langen Getreide war die Benutzung der Gestellsense schlecht möglich. Im Hintergrund steht auf einer leichten Anhöhe ein Indianer, der gegen die blendende Sonne die Hand über seine Augen hält, um die neueste Erntetechnik bestaunen zu können.

THE MILWAUKEE
MILWAUKEE
1904
Milwaukee
Harvesti
Mac

145

146

145 Ansicht der Milwaukee-Erntemaschinenfabrik in Milwaukee in Wisconsin (USA).

146 Wichtig für die Werbung: Prämien und Medaillen.

147 Die Firmen Krupp/Fahr in Kooperation auf einem Ausstellungsstand der Leipziger Herbstmesse 1921.

148 Stand der Firma Krupp auf der Brüsseler Landmaschinenausstellung im Februar 1927: Mähbinder, ein- und zweispännige Grasmäher und Schleifsteine.

147

148

149

150

149/150 Blick in eine ländliche Reparaturwerkstätte für landwirtschaftliche Maschinen. Rechtzeitige Instandsetzung ersparte Ärger und Verdruß.

151 Lanz-Erntemaschinen im Einsatz.

152 Blick in die Produktions- und Lagerhallen des Zweigwerkes in Zweibrücken (um 1937).

151

Fertige Binder bereit zur Aufnahme in das Zwischenlager

152

DIE ENTWICKLUNG DES MÄHDRESCHERS

Von Hans W. Mattig

Erste Anfänge in den Vereinigten Staaten

Schon im vorigen Jahrhundert, als in den USA die ersten Getreidemäher in der Landwirtschaft eingesetzt wurden, entstand die Idee, das Getreide auch gleich auf dem Felde zu dreschen. Man konnte mit den Getreidemähern zwar die schwere Arbeit des Mähens mechanisieren, der Rest der Ernte blieb aber weiterhin Handarbeit. Der Getreidemäher war also nur ein Einzelglied einer erwünschten Mechanisierungskette der Getreideernte. Das rief die Erfinder auf den Plan, um den Traum der Landwirte zu verwirklichen, gleich mehrere Arbeitsgänge mit einer Maschine zu erledigen. Auch für den Anbau anderer Feldfrüchte suchte man nach technischen Möglichkeiten, um mehrere Arbeitsgänge, die immer mit sehr viel Handarbeit verbunden waren, zusammenzufassen. Tatsächlich ist dies aber erst bei der Mechanisierung der Getreideernte verwirklicht worden.

Als Anfang der Entwicklung des Mähdreschers kann man das Jahr 1830 nennen. Erst in geringen Stückzahlen wurde in den USA der Getreidemäher zu dieser Zeit bei der Getreideernte eingesetzt. Von einigen Erfindern wurden aber bereits erste Versuche mit Maschinen unternommen, die das Getreide mähten und gleichzeitig dreschen konnten.

Aus der Literatur geht hervor, daß im Staate Michigan der erste brauchbare Mähdrescher in Nordamerika gebaut wurde. Dieser Mähdrescher hatte eine Schnittbreite von 15 Fuß und hinter der Drescheinrichtung eine Getreidereinigung. Das Getreide wurde in einer Absackvorrichtung in Säcke gefüllt. Da es noch keine Verbrennungsmotoren und keine Zugmaschinen gab, erfolgte der Antrieb über ein Bodenrad. Mit diesen Mähdreschern konnte man 1843 bereits etwa 10 ha am Tage abernten. Die Mähdrescher wurden von Pferden gezogen.

Der sehr hohe Feuchtigkeitsgehalt des Getreides führte zu großen Problemen bei den Farmern, da das Getreide nicht lagerfähig war. Nach dem Bau einiger dieser Mähdrescher wurde die Produktion deshalb wieder aufgegeben, da man überzeugt war, daß der Mähdrusch keine Zukunft habe.

In Kalifornien, also in einem Teil der USA, in dem wesentlich günstigere Klimaverhältnisse herrschen, wurden die Mähdruschversuche wieder aufgenommen. So konnten 1854 bereits 250 ha Getreide mit einem Mähdrescher geerntet werden. Das günstige Klima und die Einstellung der Farmer zur Technisierung führten bald zu einem Erfolg. Die ersten Mähdrescher waren in der Regel Eigenbauten. Sie wurden von 40 Pferden oder Maultieren gezogen.

Alle diese Mähdrescher waren für den in den USA typischen extensiven Getreidebau gebaut. Es sollten sehr dünn bestandene Getreidefelder von enormen Ausmaßen in den schwach besiedelten Gebieten der USA abgeerntet werden. Wegen des Arbeitskräftemangels in diesen Gebieten hätte man diese Felder sonst gar nicht abernten können. Es gab deshalb schon Konstruktionen mit 35 Fußschrittbreite und einem Maschinengewicht von 15 t.

Als Ende des vorigen Jahrhunderts die Dampfmaschine in der Landwirtschaft Einzug fand, versuchte man auch Mähdrescher damit anzutreiben. 1871 wurde der erste selbstfahrende Mähdrescher mit einer Dampfmaschine als Antriebsaggregat hergestellt.

Bis zum Jahre 1860 etwa waren alle Mähdrescher, die in den USA zum Einsatz kamen, Eigenbauten. 1860 wurde mit der industriellen Fertigung von Mähdreschern in den USA begonnen. Es handelte sich dabei um gezogene Mähdrescher. Der Eigenbau von Mähdreschern war damit beendet.

Die industriell gefertigten Mähdrescher hatten zum Teil bereits einen automatischen Hangausgleich und waren deshalb für hängiges Gelände gut geeignet.

Aus der Statistik geht hervor, daß 1889 in Kalifornien schon fast 500 Mähdrescher im Einsatz waren. Etwa zwei Drittel der Weizenernte wurden bis zum Ende des 19. Jahrhunderts in Kalifornien mit dem Mähdrescher geerntet. In Michigan, dem ersten Bundesstaat der USA, in dem Mähdrescher zum Einsatz kamen, wurden auch die industriell gefertigten Mähdrescher bei der Getreideernte eingesetzt. Bis zum Beginn des Ersten Weltkrieges waren dies die einzigen beiden Bundesstaaten, in denen der Mähdrescher Fuß fassen konnte.

Durch den akuten Arbeitskräftemangel während des Ersten Weltkrieges kam es dann allerdings zu einer schnellen Ausbreitung des Mähdruschverfahrens. Außerdem fand der Verbrennungsmotor in der Landwirtschaft Eingang und konnte zum Antrieb des Mähdreschers verwendet werden.

So gelang in den USA der große Durchbruch zum Mähdruschverfahren. Der in immer größeren Stückzahlen gebaute Schlepper wurde mit etwa 30- bis 40-PS-Motoren ausgerüstet und diente zum Ziehen der Mähdrescher. Die bereits vorhandene Schlepperzapfwelle diente zum Antrieb des Mähdreschers. Es zeigte sich aber, daß die Motorleistungen der Schlepper kaum ausreichten, um Mähdrescher zu ziehen und gleichzeitig über die Zapfwelle anzutreiben. Der Schlepper wurde deshalb nur noch zum Ziehen des Mähdreschers verwendet, während der Antrieb des Mähdreschers durch einen Verbrennungsmotor erfolgte, der auf dem Mähdrescher aufgebaut wurde.

In allen Ländern mit extensivem Getreideanbau stieg der Einsatz von Mähdreschern ab 1930 sprunghaft an. Hauptlieferant von Mähdreschern waren die USA. In den US-Fabriken erreichte die Jahresproduktion an Mähdreschern teilweise schon 100 000 Stück.

Mähdrescher-entwicklung in Europa

Die rasante Entwicklung des Mähdruschverfahrens in den USA und die ständig steigenden Stückzahlen an gebauten Mähdreschern, die weltweit zum Einsatz kamen, ließen auch in Europa Fachleute aufhorchen. In Deutschland war es vor allen Dingen Professor Vormfelde, Direktor des Landtechnischen Institutes der Universität Bonn, der wohl als erster erkannt hatte, welche Bedeutung der Mähdrescher auch für Europa erlangen könnte. Bereits zu Beginn der 20er Jahre hat er durch unzählige Veröffentlichungen versucht, die deutsche Landwirtschaft, aber auch die Landmaschinenindustrie zu motivieren, sich mit dem Mähdruschverfahren auseinanderzusetzen. Er und seine Mitarbeiter waren ständig bemüht, die Verhältnisse in den USA zu studieren und die neuesten Entwicklungen kennenzulernen. Über die weltweite Entwicklung der Getreideernte mit dem Mähdrescher und über die Gefahren, die für die deutsche Landwirtschaft entstehen könnten, ist in seinen Schriften folgendes zu lesen:

„Seit einigen Jahrzehnten arbeitet man in Amerika mit aller Macht an der Entwicklung der Mähdrescher, und insbesondere durch die Vervollkommnung der Schlepper ist diese Maschine ein bedeutendes Stück weitergekommen."

„Bei dem heutigen Weltmarktpreis des Getreides ist bei den hohen Löhnen in Amerika auch die alte Arbeitsweise mit dem Binder oft nicht mehr wirtschaftlich. Auf der anderen Seite werden die Welt-Weizenpreise kaum steigen, denn mittlerweile sind die Mähdrescher, die also die abgeschnittenen Ähren sofort dreschen, derartig entwickelt, daß die Ernte billiger wird, da trotz der Doppelleistung, ‚Mähen und Dreschen' weit weniger Leute und Gespanne gebraucht werden als sonst beim Mähen mit dem Mähbinder. Die Einführung des Mähdreschers geht heute in manchen Staaten mit erschreckender Geschwindigkeit vor sich. Zwei bis drei Güter werden zusammengelegt, um die Maschine ausnutzen zu können. Wenn wir dann unsere Arbeitsweise damit vergleichen, ‚Mähen und Binden und Aufstellen und Einfahren und in Scheunen lagern und Dreschen und Wiedereinlagern in Scheunen und dergleichen', dann scheint diese neue Arbeitsweise doch eine größere Gefahr für unsere Landwirtschaft zu bedeuten, als die billigen Schlepper und Automobile vor einigen Jahren für unsere Industrie. Die Industrie kann sich zudem viel eher umstellen, und sie hat es in der Hauptsache schon getan, eine Umstellung der Landwirtschaft ist dagegen schwierig. Vorläufig ist das einzige Mittel, daß wir wenigstens unsere Mähmaschine wie überhaupt sämtliche Landmaschinen richtig verstehen und behandeln lernen, damit wenigstens auf diese Weise das Maschinenkonto etwas heruntergedrückt wird."

Die deutsche Landmaschinenindustrie, die nach den verheerenden Folgen des Ersten Weltkrieges gerade wieder Fuß gefaßt hatte, war von den neuen Mähdruschverfahren gar nicht begeistert. Wußte man doch, daß mit dieser neuen Entwicklung auch für die deutsche Landmaschinenindustrie sehr hohe Kosten entstehen würden, wenn man sich diesem neuen Ernteverfahren anschließen würde. Es wurden deshalb zunächst große Anstrengungen unternommen, um die in Deutschland üblichen Getreideernteverfahren zu verbessern. Geerntet wurde hier immer noch mit Mähbindern. Die gebundenen Garben mußten von Hand in Hocken aufgestellt werden und dann nach dem Abtrocknen in die Scheune gebracht werden. Dort wurden sie eingelagert und in der Winterzeit mit Dreschmaschinen gedroschen. Es wurden deshalb erhebliche Verbesserungen an Mähbindern und an Dreschmaschinen entwickelt. Man glaubte damit, den Mähdrusch in Deutschland überflüssig zu machen.

Professor Vormfelde und seine Mitarbeiter mahnten aber immer wieder, die Mähdruschentwicklung nicht zu ignorieren und sich intensiv damit zu befassen. Durch dieses ständige Mahnen löste Professor Vormfelde schließlich eine Bewegung aus, die sich revolutionierend auf die deutsche Landwirtschaft auswirkte. Da die vorhandene Industrie die Mähdrescherentwicklung nicht mitmachen wollte, entstand eine völlig neue Industrie.

Zunächst wurden aber in Deutschland Versuche mit amerikanischen Mähdreschern durchgeführt. Bereits 1927 wurde der erste amerikanische Mähdrescher – Fabrikat Case – vom Grafen Bismarck-Varzin angeschafft und eingesetzt. 1928 wurde vom damaligen Reichskuratorium für Technik in der Landwirtschaft (RKTL) ein amerikanischer Mähdrescher gekauft, um Versuche durchzuführen. Außerdem wurden zu gleicher Zeit fünf amerikanische Mähdrescher von deutschen Landwirten gekauft. Es handelte sich um folgende Fabrikate: Case, Massey-Harris, IHC und Advance Rumely. 1929 stieg die Zahl der Mähdrescher in Deutschland auf 15 Maschinen. 1930 waren 19 Mähdrescher und 1931 22 Mähdrescher in der deutschen Landwirtschaft im Einsatz. In den USA nahm der Bestand an Mähdreschern aber gewaltig zu. 1928 waren über 50 000 und 1930 fast 74 000 Mähdrescher im Einsatz.

Die Versuche und Untersuchungen an amerikanischen Mähdreschern in Deutschland ergaben, daß sie für deutsche Verhältnisse nicht geeignet waren. Das zeigte auch deutlich die Zunahme der Mähdrescher in den USA und die verschwindend kleine Zunahme an Mähdreschern in Deutschland. Der Grund dafür lag in der geringen Leistung und den hohen Preisen der amerikanischen Maschinen.

Unterschiedlicher Getreideanbau in USA und Europa

Der Grund für die sehr geringen Leistungen der amerikanischen Mähdrescher, die in Europa eingesetzt wurden, lag an den unterschiedlichen Anbaumethoden in Amerika und in Europa.

Der extensive Getreideanbau in den USA hatte einen sehr dünnen Getreidebestand zur Folge. Um die Mähdrescher auslasten zu können, hatten die Mähwerke eine große Schnittbreite. Spreu und Stroh spielte in den USA keine Rolle und blieb deshalb auf dem Felde. Um die amerikanischen Mähdrescher nicht mit Strohmassen unnötig zu belasten, wurden bei der Ernte nur die Ähren abgeschnitten und dem Dreschorgan des Mähdreschers zugeführt. Es blieb ein 30 bis 50 cm hohe Stoppel auf dem Felde stehen. Das eigentliche Dreschorgan in den amerikanischen Mähdreschern bestand aus einer Stiftentrommel.

In Europa waren die Getreidebestände sehr viel dichter, was zu wesentlich höheren Kornerträgen je Hektar führte. Stroh und Spreu spielten in Europa für die Fütterung und als Einstreu in der Viehhaltung eine sehr große Rolle. Es durfte also nicht auf dem Felde bleiben, sondern mußte geborgen werden. Die amerikanischen Mähdrescher waren für diese Erntebedingungen sehr schlecht geeignet und es waren nur geringe Leistungen möglich.

Interessant ist es, daß etwa um das Jahr 1930 auch in Rußland Versuche mit amerikanischen Mähdreschern gemacht wurden. Es wurden dort ähnlich schlechte Erfahrungen mit diesen Mähdreschern gemacht. Während diese Ergebnisse in Deutschland dazu führten, daß völlig neue Mähdrescher für deutsche Verhältnisse konstruiert wurden, wurden in Rußland die amerikanischen Mähdrescher so verändert und umgebaut, daß sie für russische Verhältnisse brauchbar waren. So berichtet Franz J. Herbsthofer, der später als Entwicklungsingenieur für Mähdrescher bei der Firma Lanz, Mannheim und Massey Ferguson war, über seine Tätigkeit in der Sowjetunion Anfang der 30er Jahre. „Ich hatte 6 Jahre, von 1931 an, in der Sowjetunion unter Leitung hervorragender amerikanischer und russischer Fachleute gelernt, daß durch Anpassung amerikanischer Mähdrescher an russische bzw. europäische Verhältnisse ein Einsatz möglich ist. Unter schwierigsten Erntebedingungen konnten wir mit den in unserem Entwicklungsbüro in Saratow abgeänderten amerikanischen Mähdreschern befriedigende Ergebnisse erzielen, auch in Sibirien. Die Trommellänge und Schüttlerbreite sowie der Raum über dem Schüttler wurden vergrößert. Später tauschte man die Stiftentrommel gegen eine Schlagleistentrommel aus. So entstanden aus dem amerikanischen, schleppergezognen Mähdrescher „Holt 34" der SU-Mähdrescher „Kommunar" mit 4,50 m Schnittbreite und aus dem „Holt 36" der SU-Mähdrescher „Stalinetz" mit 6 m Schnittbreite. Beide Typen waren mit Aufbaumotor versehen. Tausende dieser beiden Mähdrescher wurden gebaut und eingesetzt."

Stiftentrommel und Schlagleistentrommel

Die amerikanischen Mähdrescher waren mit Stiftentrommeln ausgerüstet. Die rotierende Dreschtrommel und der feststehende Korb waren mit zentimeterlangen Stiften besetzt. Die Trommel hatte eine relativ geringe Breite, da ja nur abgeschnittene Ähren diesem Dreschorgan zugeführt wurden. Das Korn wurde in erster Linie durch die schlagende und reißende Wirkung der Stifte ausgedroschen.

Bei den deutschen Ernteverfahren wurde der lange Getreidehalm mit den Ähren abgeschnitten und dem Dreschorgan zugeführt. Durch das oft sehr lange Stroh wurden die relativ schmalen Stiftentrommeln sehr stark belastet. Die Getreidehalme mußten dem Dreschorgan so zugeführt werden, daß die Getreideähren zuerst in das Dreschorgan gelangten. Durch die starke Schlagwirkung der Stifte wurde das Stroh sehr stark angeschlagen und zerrissen. Das lag aber gar nicht im Interesse der Landwirte, die viel lieber glattes langes Stroh verwenden wollten.

In Deutschland ging man deshalb dazu über, die in den Dreschmaschinen bereits bewährten Schlagleistentrommeln auch bei den Mähdreschern zu verwenden. Diese rotierenden Trommeln waren auf dem Umfang mit gerippten Schlagleisten versehen, die parallel zur Trommelachse angebracht waren. Diese Trommelleisten sind mit abwechseln rechts und links weisender Rippung versehen. Die Gegenleisten des Dreschkorbes stehen fest und ihr Abstand zu den Schlagleisten kann je nach Getreideart verändert werden. Diese Dreschtrommeln sind wesentlich länger als die Stiftentrommeln.

Dadurch ist es möglich, die Getreidehalme mit den Ähren dem Dreschorgan parallel zu den Schlagleisten zuzuführen. Die einzelnen Strohhalme werden kaum beschädigt und bleiben in ihrer ganzen Länge enthalten. Die Schlagleisten auf der Dreschtrommel kämmen und streifen das Korn auf der Getreideähre mit den schräg stehenden Rippen aus. Das Korn wird also nicht wie bei der Stiftentrommel nur ausgeschlagen, sondern mehr ausgerieben.

Erste Mähdrescherentwicklungen bei zwei deutschen Firmen

Durch die sehr schlechten Ergebnisse mit amerikanischen Mähdreschern in Deutschland konnte die Landmaschinenindustrie nicht motiviert werden, die Entwicklung von deutschen Mähdreschern aufzunehmen. Die Argumente von Gegnern des Mähdruschverfahrens waren nicht von der Hand zu weisen. Die Maschinen seien viel zu groß und zu teuer und aus klimatischen Gründen in Deutschland niemals einsetzbar. Das Getreide müßte viel zu feucht geerntet werden und die Ausfallverluste beim Mähen von sehr reifem Getreide wären viel zu groß. Außerdem müßte Stroh und Spreu in einem extra Bergeverfahren eingesammelt und zum Hof transportiert werden. Hinzu kamen auch noch politische Bedenken, da Anfang der 30er Jahre eine Massenarbeitslosigkeit herrschte und die Einführung von Rationalisierungsverfahren für die Landwirtschaft abgelehnt wurde.

Wissenschaftler und Techniker erkannten aber, daß durch das kontinuierliche Einlegen des gemähten Getreides direkt vom Mähwerk in das Dreschorgan große Leistungssteigerungen bei der Getreideernte möglich waren. Bei der herkömmlichen Ernte mit dem Mähbinder mußte das Getreide in Garben gebunden werden und in der Scheune eingelagert werden. Zum Dreschen mußten die Garben wieder auseinandergeschnitten werden, um von Hand oder auch durch Einlegevorrichtungen in die Dreschmaschine eingelegt werden. Danach mußte das Stroh wieder in Bunde zusammengebunden werden. Dieser Arbeitsaufwand und die damit verbundene Handarbeit könnte durch entsprechende Einrichtungen am Mähdrescher wesentlich vereinfacht werden. Vor allen Dingen war es wieder Professor Vormfelde, der unermüdlich versuchte, deutsche Landmaschinenhersteller von der Zukunft des Mähdruschverfahrens zu überzeugen.

Mähdrescherentwicklung bei den DIW

1931 bauten die Deutschen Industriewerke in Berlin-Spandau einen für deutsche Verhältnisse konstruierten Mähdrescher (Konstruktion FATH). Bei diesem Mähdrescher handelte es sich um einen Zusammenbau eines normalen Mähbinders mit einer bekannten Dreschmaschine. Zwischen den Fördertüchern des Mähbinders und dem Strohbinder wurde die Dreschtrommel und der Siebkasten einer Dreschmaschine montiert. Beide Maschinen konnten wieder getrennt werden und dann als Mähbinder und als Dreschmaschine verwendet werden. Der Antrieb des Mähdreschers erfolgte durch die Zapfwelle des Schleppers. Die in dem Mähdrescher verwendete Dreschtrommel war zusätzlich mit einigen Flügeln versehen, mit denen Wind erzeugt wurde, der zur Trennung von Korn und Stroh beitrug. Hinter der Dreschtrommel wurde das Korn-Stroh-Gemisch über eine Siebkette geführt, die über exzentrische Scheiben lief und in eine schüttelnde Bewegung versetzt wurde. Dadurch wurden die Körner aus dem Stroh ausgeschüttelt. Das Stroh wurde durch den „Rollschüttler" weitergefördert zu dem Bindetisch und durch die Bindevorrichtung zu Strohbunden verknotet und abgeworfen. Spreu wurde in einem Kasten gesammelt, der von Zeit zu Zeit geleert wurde und die Spreu in Haufen absetzte. Das Korn wurde in einem Korntank gesammelt, der in ein Fahrzeug entleert werden konnte.

Der Bau dieses Mähdreschers wurde aber bald wieder aufgegeben und es gab auch keine Weiter- oder Neuentwicklungen von den Deutschen Industriewerken.

Mähdrescherentwicklung bei der Firma Claas

Professor Vormfelde hatte mit seinem damaligen Assistenten Dr. Walter Brenner bereits einige Gedanken in Form von Skizzen zu Papier gebracht, wie ein Mähdrescher für deutsche Verhältnisse aussehen könnte. Professor Vormfelde nahm mit August Claas aus Harsewinkel, der sich auch schon durch das Studium einschlägiger Fachliteratur mit den Mähdruschverfahren auseinandergesetzt hatte, Verbindung auf. August Claas konnte sehr schnell für die Pläne von Professor Vormfelde gewonnen werden und man wurde sich schnell einig. Dr. Brenner trat in die Firma Claas ein, um die Mähdrescherentwicklung in Gang zu bringen.

Der erste bei Claas entwickelte Mähdrescher war ein „Frontschneider“, der um einen vorhandenen Schlepper gebaut wurde. Das Schneidwerk war vor dem Schlepper angeordnet. Das gemähte Getreide wurde einer senkrecht stehenden Dreschtrommel mit Schlagleisten zugeführt. Das ausgedroschene Stroh wurde dann an eine Kette weitergegeben, die es aus der Maschine hinausbeförderte. Einen Schüttler hatte dieser Mähdrescher nicht. Das Korn wurde in Säcken nach einer einfachen Windreinigung gesammelt.

Der erste Prototyp dieses Mähdreschers wurde in der Ernte 1931 Vertretern der deutschen Landmaschinenindustrie vorgeführt. Es sollten noch weitere Firmen für den Mähdrescherbau interessiert werden. Es war aber keine Firma für den Mähdrescherbau zu gewinnen.

Nach einer Überlieferung der Firma Claas soll August Claas damals zu Professor Vormfelde die entscheidenden, aber auch bindenden Worte gesagt haben: „Wenn die anderen nicht wollen, dann machen wir es allein.“

Der Frontschneider der Firma Claas wurde weiterentwickelt. Drei Versuchsmaschinen wurden bei der Ernte 1933 im Raum Berlin und in Mecklenburg eingesetzt. Sogar ein Frontschneider wurde zu Versuchen bei der Reisernte in Italien getestet. Bei der ersten Landmaschinenausstellung des Reichsnährstandes 1934 in Erfurt wurde dieser Claas-Mähdrescher ausgestellt. Bei weiteren Versuchen stellte sich aber bald heraus, daß diese auf einem 30-PS-Schlepper aufgesattelte Maschine sehr viele Probleme mit sich brachte. Eine Weiterentwicklung dieses Mähdreschers wurde aufgegeben.

Intensive Entwicklungsarbeiten bei Claas

Nachdem die weitere Entwicklung des Vorderschneiders von der Firma Claas eingestellt wurde, ging ein kleines Team unter Leitung von Dr. Brenner an die Arbeit, um einen neuen gezogenen Mähdrescher zu entwickeln. Unter recht primitiven Verhältnissen wurde im Konstruktionsbüro von Dr. Brenner ein Mähdrescherkonzept im Maßstab 1:10 angefertigt. Ein Mitarbeiter von Dr. Brenner – Erich Harmening – berichtete aus dieser Zeit, daß das Konstruktionsbüro von Dr. Brenner etwa 2,50 x 4 m groß war. Das Werkstattpersonal, das die ersten Zusammenbauten des neukonstruierten Mähdreschers vornahm, bestand aus vier Mann.

Weiter berichtet Harmening in seiner Veröffentlichung: „Als Dr. Brenner das erste Konzept eines Mähdreschers zu Papier gebracht hatte, ging er in die Werkstatt und verkündete dort vor dem ersten Schlosser des Werkstattpersonals: ‚Herr Wallmeier, jetzt zeichne ich Ihnen die Maschine genau im Maßstab 1:1 mit Kreide auf die Blechtafel. Sie können die Maße direkt von da abnehmen.‘ Da die Kreidestriche aber etwa 1 cm breit waren mußte Herr Wallmeier erst auf einer weiteren großen Blechtafel mit Lineal und Zirkel eine etwas genauere Zeichnung im Maßstab 1:1 anfertigen. Das war dann die Stammzeichnung für den Bau des ersten gezogenen Mähdreschbinders in Deutschland.

Als dann geraume Zeit später der erste Prototyp fertig war, wurde er zunächst auf einem Prüfstand erprobt. Der Antrieb erfolgte durch einen Elektromotor. Es waren umfangreiche Verbesserungen an diesem Prototyp erforderlich.

Als zweite Erprobungsstufe wurde dieser Prototyp an einen Lanz-Bulldog angehängt und mit laufender Maschine auf sehr unwegsamen Gelände gefahren. Wo etwas zerbrach, wurde verstärkt. Erst als man überzeugt war, daß die Maschine die erforderliche Festigkeit hatte, konnte man an praktische Versuche auf dem Felde denken.

Später waren dann mehrere Maschinen für weitere Entwicklungsarbeiten vorhanden, die in Fabriknähe eingesetzt wurden. Über diese Versuche berichtet Harmening in einer Veröffentlichung: „Abends war man verschwitzt und verstaubt, blieb aber auf dem Feld und setzte sich im Kreis auf die Strohballen. Dann kam August Claas mit dem Fahrrad an. Auf dem Gebäckträger war die in seinen Kleppermantel gewickelte Flasche deutlich zu erkennen, aus der Tasche zog er das volle Zigarettenetui, das Schnapspinnchen fehlte ebenfalls nicht. Dann wurde der gesamte Tagesablauf mit seinen Pannen und seinen Erfolgen bis ins einzelne durchgesprochen, kritisch betrachtet und eine Zusammenfassung gezogen. Jeder bekam seinen Auftrag, was er zu tun hatte. Am nächsten Morgen wurden in der Werkstatt die besprochenen Änderungen und Verbesserungen in die Maschine eingebracht. Kam sie nachmittags wieder zum Einsatz, war sie bereits auf dem neuesten technischen Stand. Nur auf diesem ganz einfachen Wege konnten wir uns während einer Saison immer soviel vornehmen.

Bei diesem neuen Mähdrescher handelte es sich um einen vom Schlepper gezogenen Mähdrescher mit seitlichem Schneidwerk. Dieser entsprach endlich den Erwartungen, die man in einen Mähdrescher für deutsche Ernteverhältnisse gesetzt hatte. Es war ein Mähdrescher in Querflußbauart. Das Mähwerk mit einer Schnittbreite von 2,10 m war rechts angeordnet. Das gemähte Getreide wurde quer zur Fahrtrichtung zur Dreschtrommel gefördert. Das Stroh wurde über ein Förderaggregat auf einen Schüttler und von dort in den auf der linken Maschinenseite angebauten Strohbinder gefördert. Unter der Bezeichnung „Mäh-Dresch-Binder in Querflußbauart“ kam der Mähdrescher dann ab 1937 auf den Markt.

Die erste Maschine kam versuchsweise zur Ernte 1936 auf dem sächsischen Rittergut Zschernitz (bei Halle/Saale) zum Einsatz. Einem Bericht der Firma Claas über diesen Versuchseinsatz ist folgendes zu entnehmen: „Der Besitzer des etwa 600 ha großen

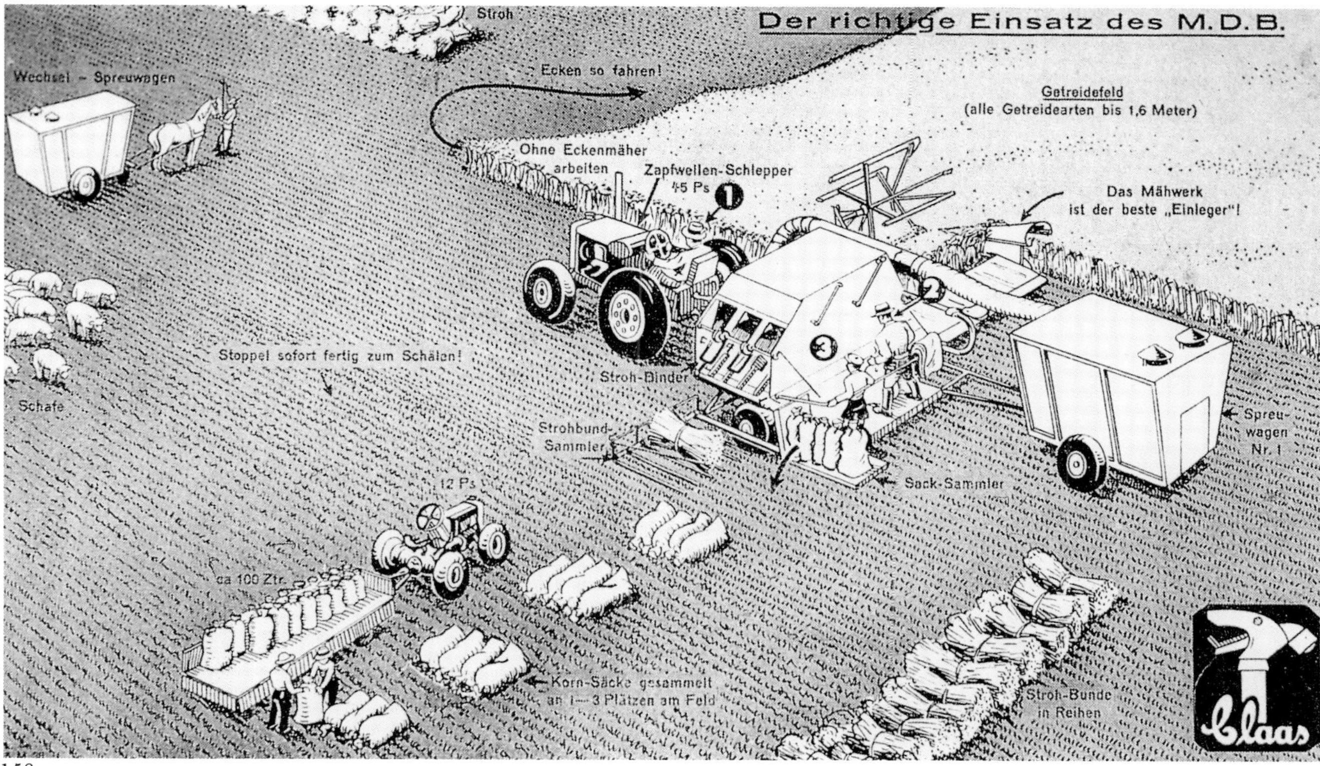

153

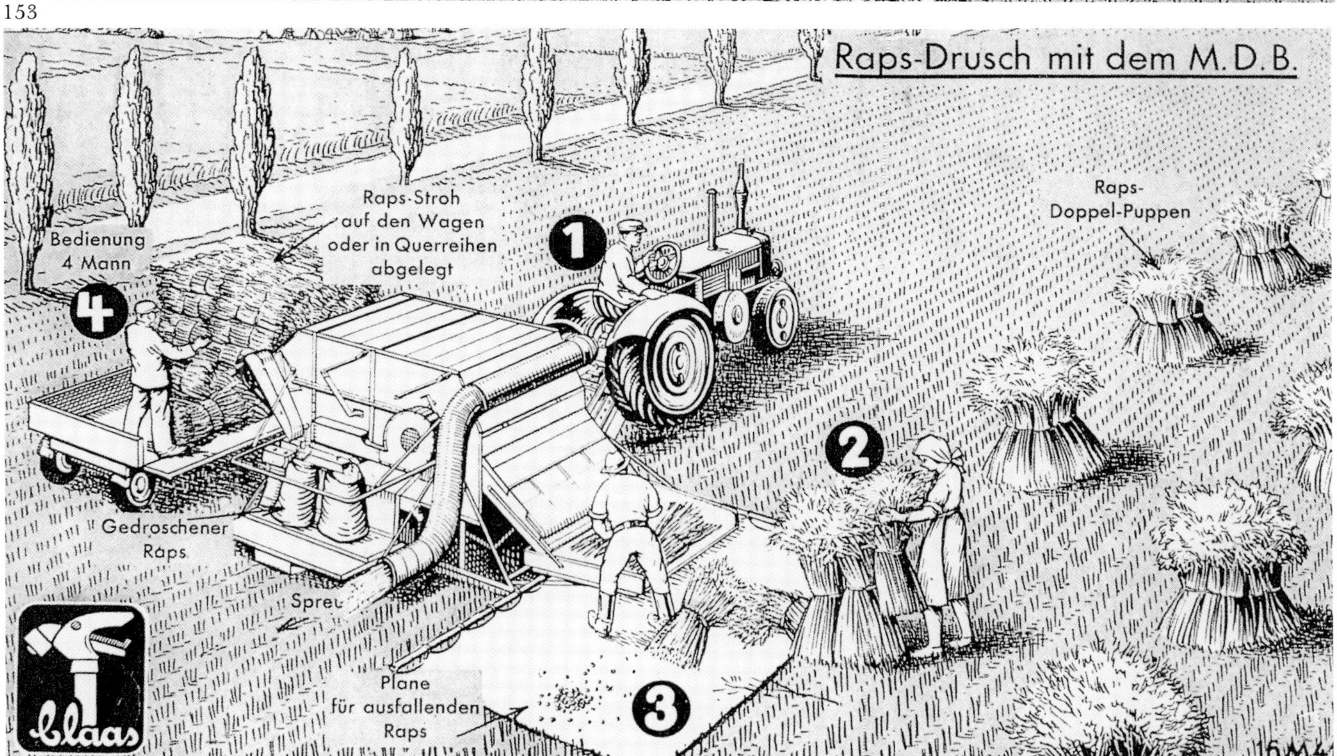

154

153/154 Diese Abbildungen zeigen die ersten serienmäßig hergestellten Claas-M.D.B.-Mähdrescher. Sie finden sich auch in einem erstaunlichen Buch, das 1947 von der Sowjetischen Kriegsadministration in Deutschland in Russisch herausgegeben wurde. Der Titel heißt in Übersetzung: „Verwaltung der Landwirtschaft und Forstwirtschaft der Sowjetischen Kriegsadministration in Deutschland. Landwirtschaftliche Maschinen und Arbeitsgeräte Deutschlands. Technische Übersicht. Unter der Redaktion von L. A. Korbut und S. W. Tschuenkowa. Berlin 1947." Dieses Buch von 860 Seiten und mit erstaunlicherweise 1943 Abbildungen, beinhaltet die deutsche landwirtschaftliche Maschinentechnik vom Stand von 1939/40. Während der Kriegszeit und danach bis zur Drucklegung hat sich die Technik nicht verändert. Es sind alle Bereiche der Landwirtschaft behandelt wie: Bodenbearbeitung, Erntemaschinen, Dreschmaschinen, Schlepper, Dampfmaschinen, Kartoffeldämpfer, Hofwirtschaft und viele Gebiete mehr. Die Abbildungen sind Werksaufnahmen, ebenso die vielen technischen Zeichnungen. Dieses Buch kann auch als Lob auf die deutsche landwirtschaftliche Technik verstanden werden, denn welche Besatzungsmacht hätte sich sonst die Mühe gemacht, ein solches Buch herzustellen, wenn die eigene landwirtschaftliche Technik den gleichen Stand gehabt hätte.

Betriebes, Walter Haberland, hatte sich bereit erklärt, den Mähdrescher anstelle einer bestellten, aber nicht mehr rechtzeitig lieferbaren Großdreschmaschine zur Probe zu übernehmen. Die Arbeitsergebnisse waren immerhin so überzeugend, daß Haberland nicht nur diese erste Maschine sofort käuflich erwarb, sondern später noch drei weitere anschaffte. Als „Sieg von Zschernitz" ging die Ernte 1936 in die Claas-Geschichte ein. Der erste auf europäischem Boden entwickelte und gebaute Mähdrescher war nun fertigungsreif."

Ein Jahr später, also im Jahr 1937, begann die Serienfertigung dieses gezogenen Mähdreschers in Harsewinkel. 1939 wurde der 100ste Mähdrescher gebaut. Auch in den ersten Kriegsjahren lief die Serienfertigung noch weiter. 1940 und 1941 wurden je etwa 450 dieser Mähdrescher produziert. 1943 mußte kriegsbedingt die Produktion eingestellt werden. Es waren bis dahin aber immerhin 1400 Mähdreschbinder gebaut worden.

Die Serienfertigung des Mähdreschbinders mußte zwar eingestellt werden, es wurde aber trotzdem bei der Firma Claas an einer neuen Konstruktion gearbeitet. Schon 1943 und 1944 wurden erste Versuche mit diesem neuen Mähdrescher durchgeführt. Sie konnten allerdings erst nach Kriegsende fortgesetzt werden.

Neue Verkaufsmethoden und Betreuung der Kunden

Da die Mähdrescher eine sehr komplizierte Technik erforderlich machten, war die Bedienung durch Landarbeiter mit ihrer zum Teil sehr schlechten technischen Ausbildung oft problematisch. Deshalb wurden von der Firma Claas neue Verkaufsmethoden und auch eine intensive Betreuung der Kunden eingeführt. Darüber berichtet Erich Harmening in einer Veröffentlichung folgendes:

„Zunächst zu den Verkaufsmethoden. Wir wollten auf jeden Fall verhindern, daß ein Mähdrescher in falsche Hände kam, nicht richtig eingesetzt wurde und etwaige Mißerfolge die Runde gemacht hätten. Diese Gefahr war durchaus gegeben. Auf der Grünen Woche in Berlin, auf der wir selbstverständlich ausstellten, gaben sich die Großagrarier aus Mittel- und Ostdeutschland jährlich ein Stelldichein. Viele von ihnen zeigten sich fortschrittlich und kauften spontan einen Mähdrescher als zusätzliche Erntehilfe. Der niedrige Preis mag dazu beigetragen haben. Kam die Maschine dann auf dem Gut an, mußte der Inspektor sehen, wie er damit fertig wurde. Er mußte sie einplanen, eine Arbeit, die völlig neu für ihn war und auf die ihn niemand richtig vorbereitet hatte. Bis dahin brauchte er seine Leute nur in gewohnter Weise zum Binden, Hockenstellen und Einfahren aufzuteilen. Jetzt lief die Arbeit ganz anders ab. Hinzu kam, daß die Landarbeiter gar nicht besonders gut auf den Mähdrescher zu sprechen waren. Sie befürchteten, er würde ihnen die Arbeit wegnehmen. Die Zeit der großen Arbeitslosigkeit war noch in guter oder vielmehr schlechter Erinnerung.

Wir wollten daher schon vor dem Verkauf möglichst genau Bescheid wissen, wohin der Mähdrescher kam. Die Betriebe mußten zunächst einen Fragebogen ausfüllen. Darin wurde nach der Fruchtfolge, nach dem Gelände, dem Schlepperbesatz, den erwarteten Leistungen usw. gefragt. Danach wurde entschieden, ob sich der Betrieb für den Einsatz des Mähdreschers eignet oder nicht. Eine solche Verkaufspolitik zu damaliger Zeit war schon fast als revolutionär zu bezeichnen. Sie hat uns aber viel geholfen.

Der nächste Punkt betraf die Ausbildung. Die Firma gab jedem Mähdrescher einen Monteur mit, der so lange auf dem Betrieb bleiben mußte, bis der Maschinenführer mit der Maschine vertraut war. Großangelegte Kurse für Monteure und Maschinenführer in den Wintermonaten in Harsewinkel erleichterten und verkürzten diese Übergabe. Wer dann gute Arbeit leistete, sollte auch belohnt werden, und zwar durch überlegt abgestufte Geldprämien. Diese Wettbewerbe sind nach meiner Erinnerung gut angekommen.

Selbst ein derart ausgefeilter Service konnte gelegentlich Bummeleien nicht verhindern. Nach einigen Tagen war dann die Reklamation des Gutsbesitzers fällig, die Maschine leiste zu wenig. Wenn man auf einen solchen Betrieb geschickt wurde, brauchte man nur ein paar Tage auf dem Mähdrescher mitzufahren, und schon war die Leistung da."

Die Mähdrescherentwicklung nach dem Krieg

Die Produktion an Landmaschinen mußte gegen Ende des Krieges in Deutschland fast völlig eingestellt werden. Auch bei der Firma Claas in Harsewinkel, dem bis dahin einzigen deutschen Hersteller von Mähdreschern, mußte die Produktion 1943 eingestellt werden. Aber in den Jahren 1943 und 1944 arbeiteten Konstrukteure und Entwicklungsingenieure bei der Firma Claas bereits an einer neuen Konstruktion eines Mähdreschers. In den letzten beiden Kriegsjahren wurden sogar schon erste Versuche mit diesem neuen Mähdrescher durchgeführt.

Nach Kriegsende wurde die Entwicklung des neuen Mähdreschers fortgesetzt. 1947 ging dieser neue Mähdrescher unter der Typenbezeichnung „Super" in Serie. Es handelte sich um einen schleppergezogenen Mähdrescher, mit dem das Getreide seitig gemäht wurde und quer zur Fahrtrichtung in die Dreschtrommel transportiert wurde. Dadurch war es möglich, eine lange Dreschtrommel zu verwenden, die auf der ganzen Breite beschickt werden konnte. Von der Dreschtrommel wurde das Stroh um 90° gewendet und auf einen Schüttler geworfen. Auf dem Schüttler wurden die noch nicht vom Stroh getrennten Körner ausgeschüttelt und das Stroh dann in Längsrichtung nach hinten zu einer Presse geführt. Durch die lange Dreschtrommel war es möglich, größere Getreidemengen aufzunehmen und relativ verlustlos auszudreschen.

Vom 11. bis 18. Juni 1950 fand in Frankfurt am Main die erste DLG-Ausstellung nach dem Kriege statt. Die DLG-Ausstellungen waren schon früher immer ein sehr guter Gradmesser für den technischen Stand der Landmaschinenentwicklungen. Bei dieser DLG-Ausstellung in Frankfurt am Main wurde ein Mähdrescher ausgestellt. Es war der seit 1947 in Serie gebaute gezogene Mähdreschbinder „Super“ mit einem Aufbaumotor.

Da der Mähdrescherabsatz und das Interesse der deutschen Landwirtschaft an dem Mähdruschverfahren in den ersten Jahren nach dem Kriege noch gering war – es gab ja genügend Arbeitskräfte – wurden die Claas-Mähdrescher in erster Linie exportiert. Die meisten davon gingen nach England, wo bereits 1946 dieser Mähdrescher von einem staatlichen Institut geprüft und sehr positiv beurteilt wurde.

Aus der amtlichen Statistik geht hervor, daß in der Bundesrepublik Deutschland nur 149 Mähdrescher vorhanden waren.

Durch das wachsende Interesse der Landwirtschaft an den Mähdruschverfahren entstanden auch bei anderen Landmaschinenherstellern erste Konstruktionen von Mähdreschern.

Schon bei der zweiten DLG-Ausstellung nach dem Kriege – vom 27. Mai bis 3. Juni 1951 in Hamburg – wurden von zwei weiteren Firmen Mähdrescher ausgestellt.

Die Firma Fahr, Gottmadingen, zeigte einen selbstfahrenden Mähdrescher mit einer Schnittbreite von 2,10 m. Dieser Mähdrescher wurde durch einen Dieselmotor angetrieben.

Die Firma J. Dechentreiter, Bäumenheim, zeigte einen gezogenen Mähdrescher mit einem 15-PS-Aufbaumotor und einer Schnittbreite von 1,75 m. Außerdem stellte sie einen selbstfahrenden Mähdrescher mit einer Schnittbreite von 1,75 m aus. Inzwischen wurde wohl von den meisten Landmaschinenherstellern erkannt, welche Bedeutung das Mähdruschverfahren erlangt hatte. Bei der DLG-Ausstellung 1953 in Köln wurden bereits von 13 Herstellern Mähdrescher gezeigt. Dabei gab es Hersteller, die sehr unterschiedliche Typen zeigten, mit unterschiedlichen Schnittbreiten, mit Zapfwellenantrieb, gezogene Mähdrescher mit Aufbaumotor und Selbstfahrer. Damit begann aber auch schon ein gewisser Typenwirrwarr. Es waren in erster Linie Hersteller von Dreschmaschinen, die jetzt plötzlich Mähdrescher herstellten.

Es zeigte sich aber sehr bald, daß eine Dreschmaschine nicht ohne weiteres als Mähdrescher verwendet werden konnte, indem man sie auf Räder stellte und ein Schneidwerk vor dem Dreschorgan anbrachte. Die Belastungen eines Mähdreschers durch Bodenunebenheiten usw. waren doch erheblich höher als die einer feststehenden Dreschmaschine. Eine Dreschmaschine mußte mit einer Wasserwaage ausgelotet werden, damit die Dreschorgane und die Schüttler einwandfreie Arbeit leisten konnten.

Beim Fahren mit einem Mähdrescher auf dem Felde konnten diese Voraussetzungen nicht eingehalten werden, so daß die zu Mähdreschern umfunktionierten Dreschmaschinen auch bald wieder vom Markt verschwanden.

1952 waren aber schon 1382 Mähdrescher in Deutschland im Einsatz.

1964 wurde die Stückzahl von 100 000 Mähdreschern überschritten und 1968 waren es 150 000 Mähdrescher, die in der Bundesrepublik eingesetzt wurden und 80 Prozent des Getreides ernteten.

Mähdrescher für verschiedene Ernteverfahren

Schon vor dem Kriege und auch in den ersten Jahren nach dem Kriege versuchten die Gegner des Mähdruschverfahrens mit verschiedenen Argumenten diese Entwicklung zu Fall zu bringen. Hauptargumente waren, daß das Getreide in einem zu feuchten Zustand geerntet werden mußte und Korn und Stroh zu feucht in die Lager kamen und dann verderben mußten. Getreidetrocknungen, in denen das geerntete Korn belüftet und nachgetrocknet wurde, gab es damals noch nicht.
Um den Zweiflern an der Mähdruschentwicklung den Wind aus den Segeln zu nehmen, wurden von den Mähdrescherherstellern – in erster Linie war dies die Firma Claas – verschiedene Dreschmethoden für den Mähdrescher entwickelt.

1. Der Mähdrusch

Beim Mähdrusch wird der Mähdrescher so eingesetzt, wie es von den Herstellern eigentlich auch gedacht war, die Getreidehalme wurden abgemäht, mit einer Fördervorrichtung der Dreschtrommel zugeführt und ausgedroschen. Das Korn wurde in einem Tank gesammelt oder gleich in Säcke abgefüllt. Das Stroh wurde einer Presse zugeführt und zu Ballen gepreßt oder in einem Schwad auf dem Felde abgelegt, um dann später in einem zweiten Arbeitsgang gepreßt und eingefahren zu werden. Bei diesem Ernteverfahren ist es sicher öfter vorgekommen, daß das Korn mit einem zu hohen Feuchtigkeitsgehalt geerntet wurde. Deshalb wurden zwei weitere Ernteverfahren von den Mähdrescherherstellern entwickelt.

2. Der Schwaddrusch

Beim Schwaddrusch wurde das Getreide mit einer Mähmaschine gemäht und im Schwad auf den Getreidestoppeln abgelegt. Die Strohhalme und die Getreideähren konnten dann im Schwad nachtrocknen. Zu gegebener Zeit wurde das Schwad dann von dem Mähdrescher aufgenommen und ausgedroschen. Korn und Stroh hatten dann einen Feuchtigkeitsgehalt, mit dem das Korn eingelagert werden konnte.

3. Der Hockendrusch

Beim Hockendrusch wurde das Getreide zunächst mit einem Mähbinder gemäht und in herkömmlicher Weise zu Hocken auf dem Felde aufgestellt. Wenn es genügend vorgetrocknet war, fuhr man mit dem Mähdrescher von Hocke zu Hocke, die Garben wurden aufgeschnitten und das Getreide dem Mähdrescher von Hand zugeführt. Man sparte mit diesem Verfahren das Einlagern der Garben in einer Scheune und das Wiederaufnehmen der Garben zum Dreschen. Das im Hockendrusch ausgedroschene Korn war so vorgetrocknet, daß es problemlos eingelagert werden konnte. Das Stroh wurde von einer am Mähdrescher angebauten Presse gebündelt. In einem weiteren Arbeitsgang wurden dann die Strohbunde eingefahren und wurden dem Lager erst wieder entnommen, wenn das Stroh gebraucht wurde.

Da man in der Folgezeit immer weniger Stroh im landwirtschaftlichen Betrieb benötigte, blieb immer mehr Stroh auf dem Felde und wurde dann später in den Boden eingearbeitet. Dazu war es erforderlich, daß das Stroh möglichst kurz gehäckselt wurde. Es wurden also in zunehmendem Maße anstelle der Strohpressen an den Mähdreschern Strohhäcksler verwendet.

Heute ist die Getreideernte mit dem Mähdrescher etwa 14 Tage bis drei Wochen später, als sie früher mit dem Mähbinder durchgeführt wurde. Früher mußte das Getreide in vielen Fällen in einem sehr feuchten Zustand gemäht werden, damit die Getreidekörner nicht aus den Ähren ausfielen. Die Pflanzenzüchter haben heute Getreidesorten gezüchtet, bei denen die Körner auch dann noch nicht ausfallen, wenn das Getreide sehr trocken geerntet wird. In den meisten Fällen ist aber eine Nachtrocknung der Getreidekörner durch Einblasen von kalter oder warmer Luft noch erforderlich. Die meisten landwirtschaftlichen Betriebe und die Genossenschaften, die Getreide aufkaufen, haben derartige Trocknungsanlagen.

Bauarten

In den Jahren nach dem Kriege haben sich die Bauarten der Mähdrescher sehr schnell fortentwickelt. Zu Beginn der Mähdrescherentwicklung nahm man sich den altbewährten Mähbinder zum Vorbild und konstruierte Mähdrescher, in denen das Getreide quer zur Fahrtrichtung durch die ganze Maschine gefördert wurde. Dieses Verfahren konnte sich aber nicht durchsetzen, da man in der Baubreite eines Mähdreschers begrenzt war und die erforderlichen Aggregate wie Dreschtrommel, Schüttler und Bindetisch in der zur Verfügung stehenden Breite nicht unterbringen konnte. Diese Querflußbauart wurde deshalb sehr bald aufgegeben.

Bei den schleppergezogenen Mähbindern hatte sich die Querflußbauart in Deutschland allein durchgesetzt. Die Technik war sehr gut entwickelt und die Mähbinder arbeiteten sehr zuverlässig. Deshalb hielt man auch die Querflußbauart beim Mähen und beim Zuführen des Getreides zur Dreschtrommel in Querflußbauart bei. Das hatte den Vorteil, daß die Dreschtrommel längs zur Fahrtrichtung angeordnet war und entsprechend lang sein konnte. Dies war von großer Bedeutung, da man in Deutschland sehr großen Wert auf nicht geknickte Strohhalme legte. Da der Roggen sehr langes Stroh hatte, mußten die Dreschtrommeln entsprechend lang sein. Diese Breitdreschtrommel lag also noch im Querfluß. Hinter der Dreschtrommel wurde das Stroh dann um 90 Grad nach hinten umgelenkt und dann im Längsfluß über die Schüttler geleitet. Das brachte den sehr großen Vorteil, daß auch die Schüttler ausreichend lang sein konnten, um eine gute Trennung von Korn und Stroh zu erzielen. Diese Quer-Längsflußbauart war dann über einige Jahrzehnte die Standardbauart für schleppergezogene Mähdrescher. Neben den gezogenen Mähdreschern wurden aber bald nach dem Kriege von einigen Mähdrescherherstellern auch selbstfahrende Mähdrescher entwickelt. Diese Selbstfahrer boten den Vorteil, daß das Schneidwerk vorn über die ganze Breite des Mähdreschers angeordnet werden konnte. Bei diesem Verfahren war kein Anmähen mehr erforderlich, wie es bei den seitlich angeordneten Schneidwerken der gezogenen Mähdrescher erforderlich war. Das gemähte Getreide wurde dann in Längsrichtung der breiten Dreschtrommel zugeführt. Hinter der Dreschtrommel wurde das ausgedroschene Stroh weiter in Längsrichtung den Schüttlern zugeführt und schließlich im Schwad oder als Strohbund auf den Stoppeln abgelegt.

Einige Mähdrescherhersteller hatten dieses Längsflußverfahren auch bei ihren gezogenen Mähdreschern angewandt. Es ergaben sich dadurch aber sehr lange Maschinen, die sich auf den in Deutschland oft recht kleinen Feldern nur schwer handhaben ließen. Bei einem Selbstfahrer, der sehr viel wendiger ist, spielt die Baulänge keine so große Rolle.

CLAAS
LEXION

156

157

158

159

156 Der Benjamin-Holt-Mähdrescher (hier auf einem Feld im Staate Washington im Jahre 1902) war schon zwanzig Jahre früher patentiert worden.

157 Amerikanische Mähdrescher von 16 Pferden gezogen. Die Maschine besitzt einen Aufbaumotor, sichtbar durch den hoch hinausragenden Luftfilter. Mit Hangausgleich ausgerüstet steht die Maschine waagrecht, wogegen das Schneidwerk schräg am Hang läuft. Für die Arbeiter ist ein Sonnendach vorhanden.

158 Mähdrescher mit breiter Schnittfläche, der für Arbeiten auf großen Feldern geeignet war. Unser Bild zeigt das Umladen von Getreide auf einen Lastkraftwagen.

159 Eine „MASSEY-HARRIS"-Erntemaschine aus Toronto, Canada, ausgezeichnet mit einer ROYAL GOLD MEDAL. Im Arbeitseinsatz in Tunesien 1901, gezogen von mehreren Rindern.

160

161

162

163

160 Von einem Raupenschlepper gezogener Mähdrescher mit eigenem Antriebsmotor. Unter dem Sonnendach werden die Säcke abgefüllt und auf eine Sackrutsche gelegt. In dem dünn stehenden Getreide genügten relativ kleine Motoren für den Dreschvorgang.

161 Ein amerikanischer Benjamin-Holt-Caterpillar-Mähdrescher im Einsatz auf einem ostdeutschen Gut. Anfang der dreißiger Jahre wurden etwa 20 Mähdrescher in Deutschland eingesetzt; diese Maschinen sollten für hiesige Verhältnisse geprüft werden.

162 Der Frontschneider-Mähdrescher der Firma Claas (1931/32). Er wurde am Schlepper angebaut und von der Zapfwelle angetrieben. Vor der Vorderachse war das Mähwerk angeordnet. Das abgemähte Getreide wurde links am Schlepper vorbei nach hinten zur senkrecht stehenden Dreschtrommel gefördert. Das Korn wurde abgesackt und das Stroh nach hinten ausgeworfen.

163 Caterpillar-Mähdrescher mit Strohwagen; das Stroh wird in Abständen zu Haufen abgelegt.

164 Ein Prospekt eines Claas-Mähdreschers (1941). Von diesem Typ wurden von 1936 bis zur kriegsbedingten Einstellung 1943 1400 Stück fertiggestellt.

In verschiedensten Fruchtarten

In Gerste mit 3 Claas M. D. B. auf den prachtvollen Schlägen um Halle a. d. S.

Hier wurden täglich 500 bis 700 Doppelzentner abgeliefert. Man beachte auch die vorbildlichen Strohbundreihen.

In Weizen mit 2 Mäh-Dresch-Bindern hinter 2 Famo-Diesel im leicht welligen Gelände der Uckermark.

In Roggen mit 2 Maschinen im leicht gewellten Gelände bei Berlin.

Sauberes Korn

von verunkrauteten Feldern?

Der M. D. B. schafft auch das durch seine mehrfachen, wirkungsvollen Saug- und Druckwindreinigungen.

Mit einem 50-PS-Deutz in Schlesien. Die Säcke sind in langen Querreihen abgelegt, wodurch das Aufsammeln sehr vereinfacht wird.

Abfahren der Säcke vom Feld. Das Wiegen der ganzen Fuhre erfolgt am besten auf einer Brückenwaage. So erhält man genau die täglichen Ernteleistungen.

So sauberes, trocknes Korn ist bei richtigem – nicht zu frühem – Einsatz leicht zu erzielen. Eine Nachtrocknung ist in Trockengebieten nicht, im Küstengebiet manchmal nötig.

165

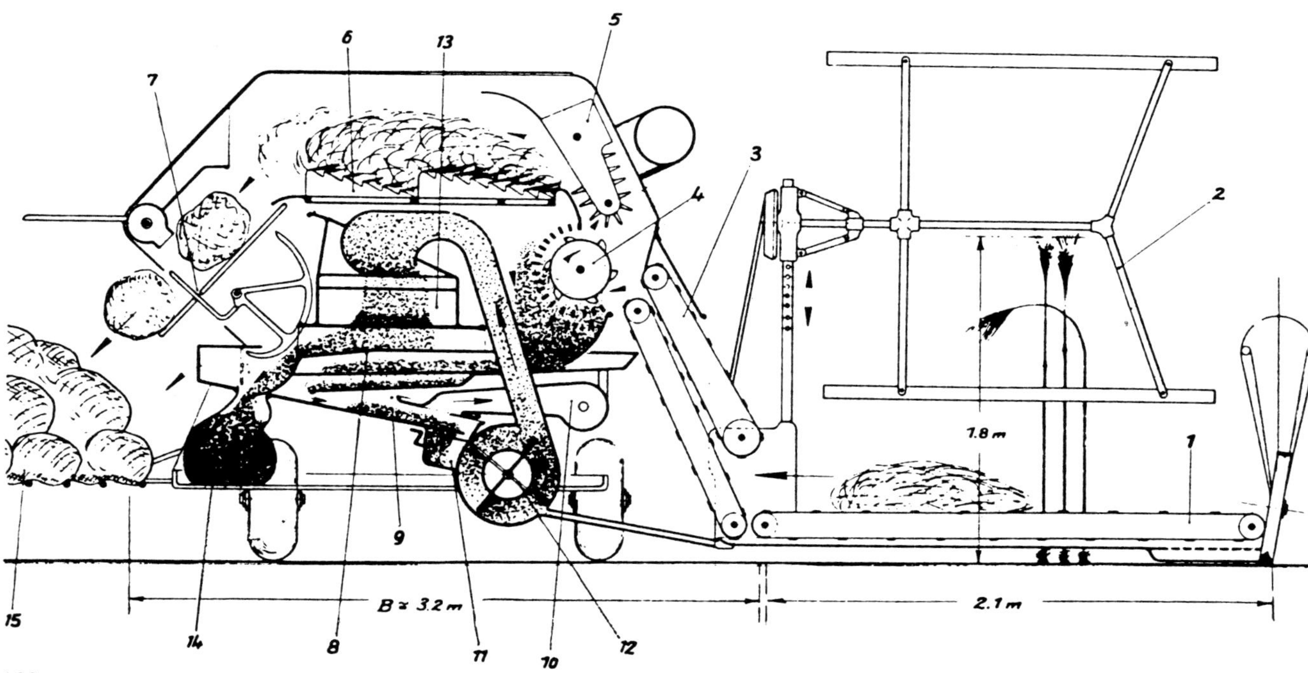

166

167

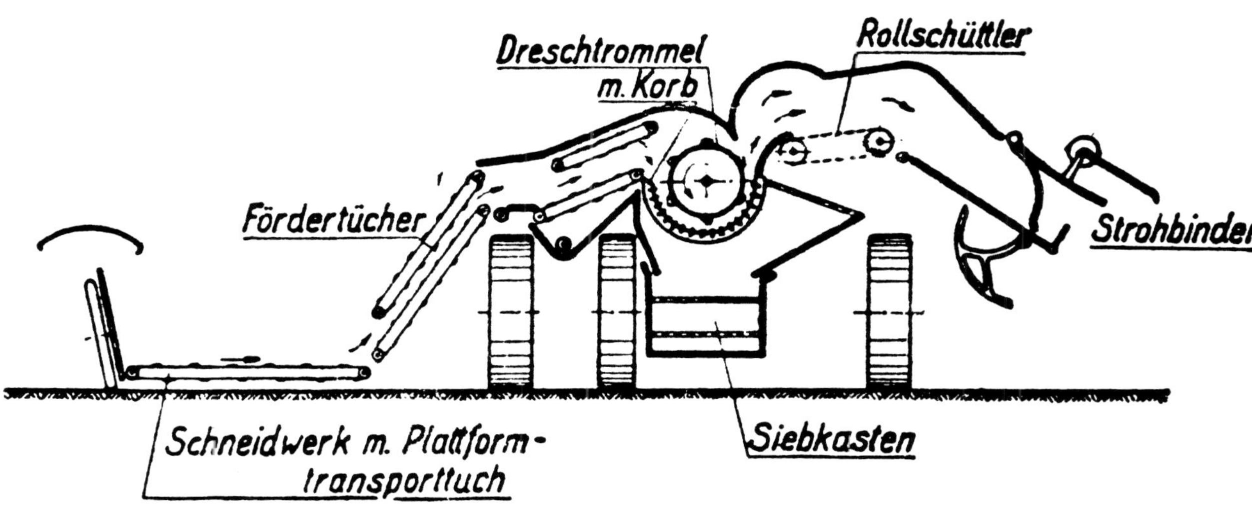

168

169

165/166 Schleppergezogener Querfluß-Mähdrescher von Claas.

167 Querfluß-Mähdrescher von Claas mit Strohbindung und Strohbundesammler.

168 Schnitt durch den Zapfwellenmähdrescher der Deutschen Industriewerke, Spandau.

169 Claas-Werbung.

170

171

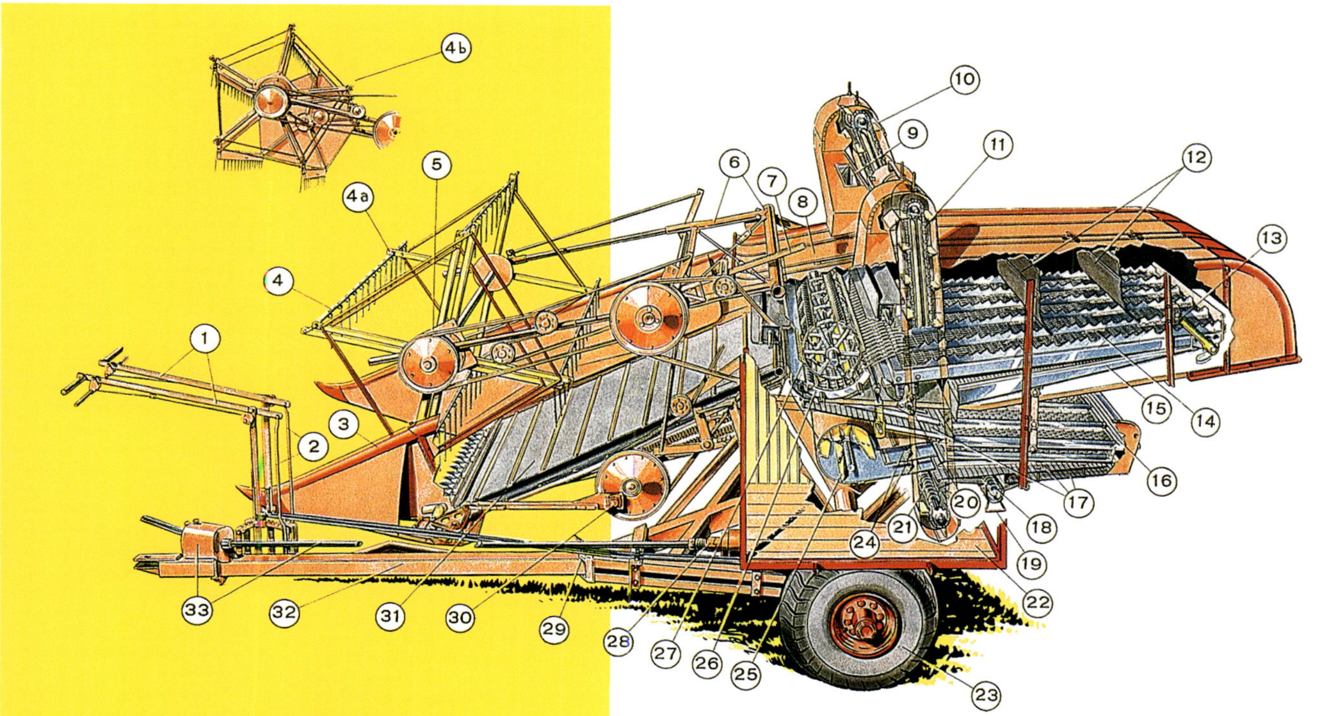

172

172 Schleppergezogener Längsflußmähdrescher 6 Fuß „Dania“ 1966:

1/2 Vom Schleppersitz aus leicht verstellbare Hebel
3 Äußere Abteiler zum Trennen des geschnittenen vom stehenden Getreide
4 Getreidehaspel mit Zinken versehen
5 Ein Quadrant hält die Federzähne während der Drehung in derselben Stellung
6 Führungsarme für die Aufhängung der Haspel
7 Handgriffe für Vor- und Rückwärtsführen der Haspel werden von der Absackplattform aus bedient
8 Inspektionsklappe für die Dreschtrommel
9 Wechselklappe für Retourgut zur Zuführung in die Trommel oder den Strohschüttler
10 Retourelevator zur nochmaligen Reinigung
11 Körnerelevator
12 Verstellbare, gummierte Strohschiene
13 Aufhängung für Strohschüttler
14 Strohschüttler
15 Retourboden vom Strohschüttler zum Siebboden
16 Große abgeteilte Siebfläche
17 Zuführungsböden für Spreusieb, Körner- und Retourschnecke
18/19/21 Retour- und Körnerschnecke besitzen ausziehbare Böden
20 Strohschüttlerkurbel
22 Absackplattform mit auslösbarer Sackrutsche
23 Räder mit Ballonbereifung
24 Durchlochte Verstellklappe zum Gleichrichten des Windes vom Siebkastengebläse
25 Verstellbares Siebkastengebläse sorgt für reichlichen Wind
26 Dreschkorb mit vorgeschalteter Steinsammelmulde
27 Dreschtrommel als eigentliches Dreschorgan
28 Eine mit Freilauf versehene Zapfwelle
29 Zugstange
30 Treibstange des Mähmessers
31 „Skimcoated“, gummiertes Fördertuch
32 Die Zugstange trägt in Transportstellung das Schneidwerk
33 Zapfwellenanschluß zum Schlepper

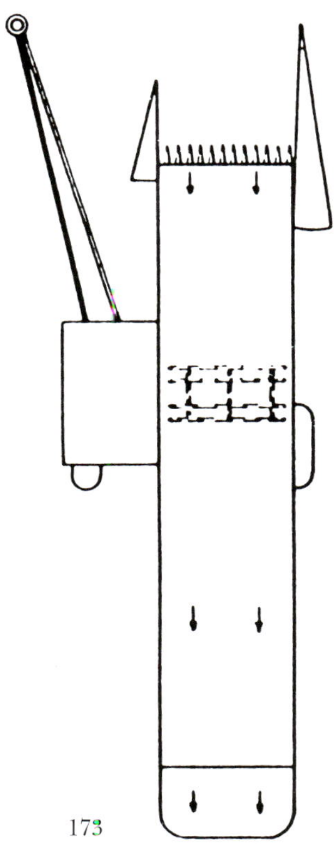

173

170 „Super-Junior“ Claas, Quer-Längsfluß, 5 ½ Fuß Schnittbreite vom Schlepper angetrieben, zusätzlich mit Strohbindung.

171 Der gleiche Mähdrescher, jedoch mit Aufbaumotor zum Antrieb der Maschine.

173 Wegen der länglichen Bauweise ergaben sich beim Wenden am Schlagende oft Schwierigkeiten. Diese Bauweise konnte sich daher in Deutschland nicht durchsetzen.

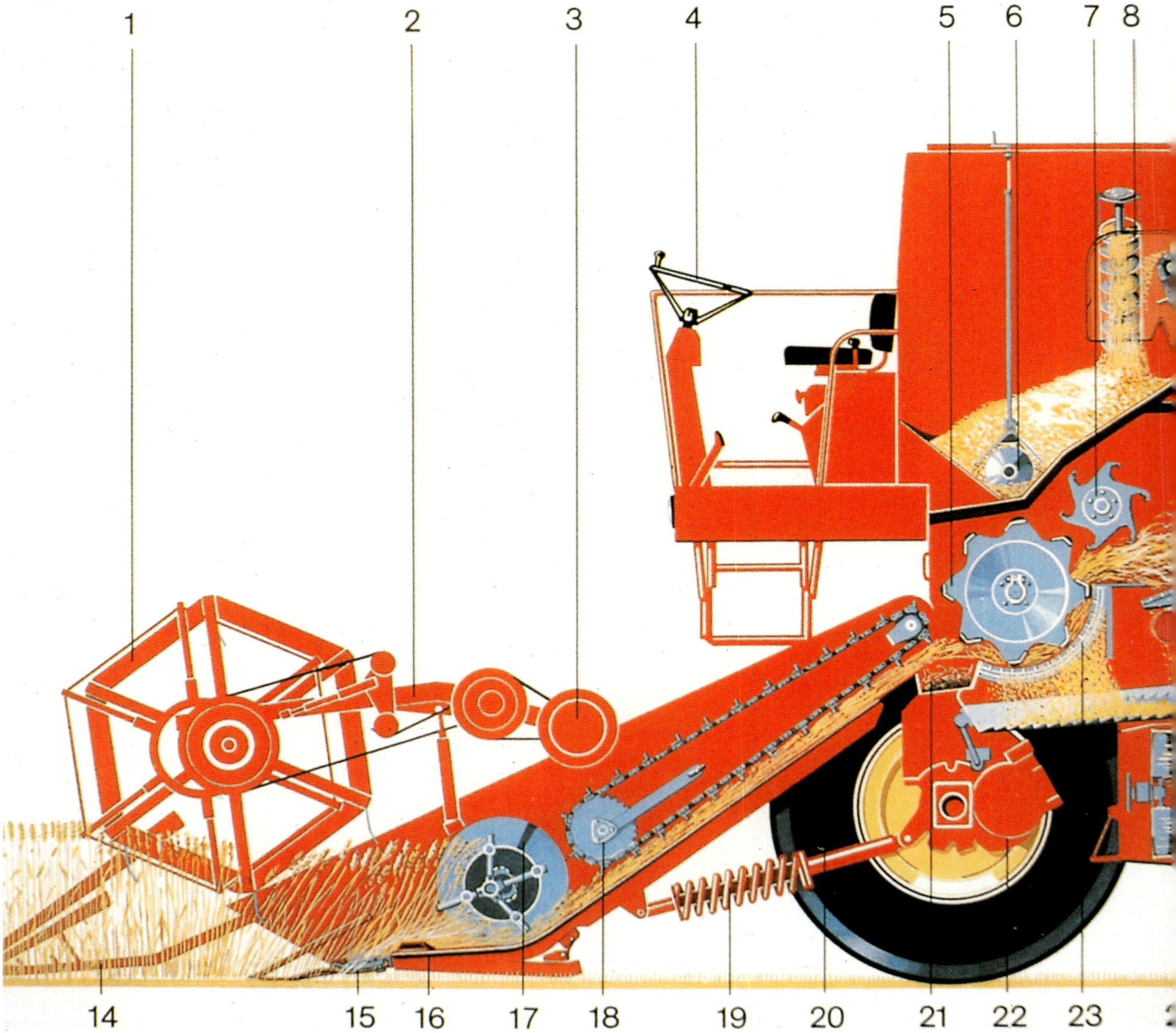

174

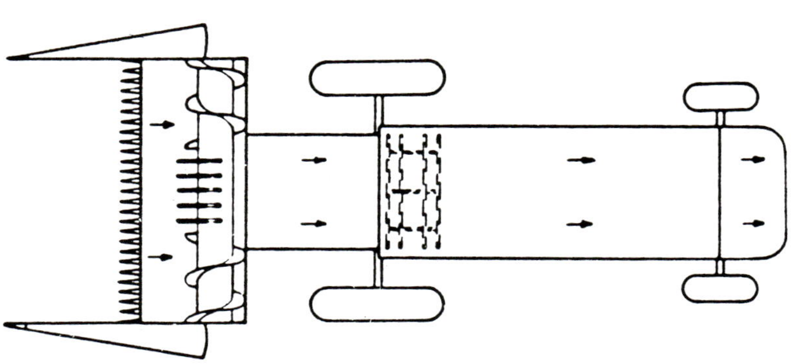

175

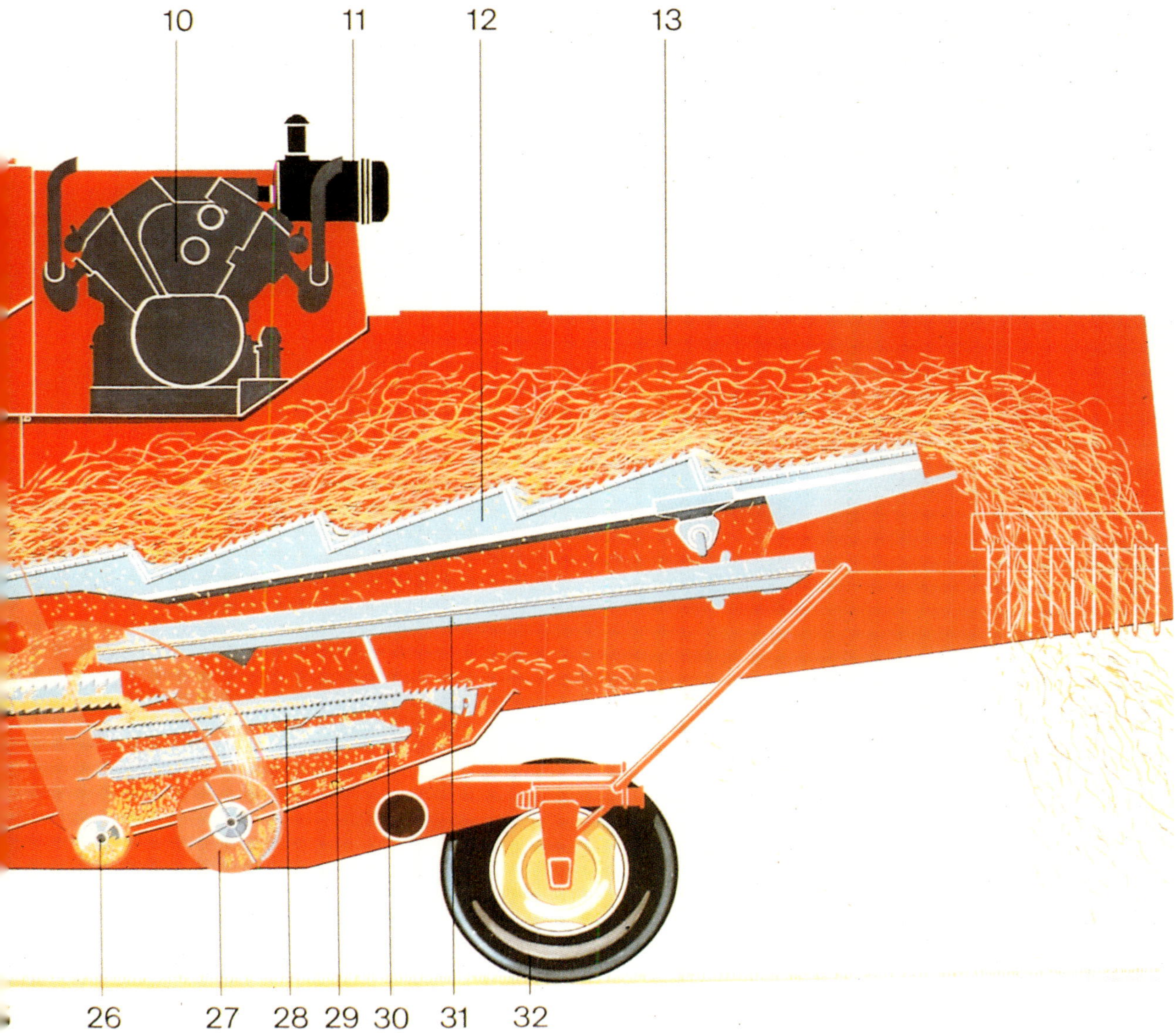

174/175 Selbstfahrender Längsflußmähdrescher (Deutz-Fahr):

1 Ganzstahlhaspel
2 Haspel, horizontal und vertikal stufenlos verstellbar
3 Drehzahlverstellung über E-Motor
4 Verstellbares Lenkrad
5 Wuchtige Dreschtrommel mit 8 Schlagleisten
6 Korntankentleerungsschnecke
7 Strohabnehmer
8 Großdimensionierte Korntankbefüllung
9 Korntank bis 5800 l Inhalt
10 Luftgekühlter Deutz-Diesel-Motor
11 Perfekte Reinigung von Kühl- und Verbrennungsluft
12 Hordenschüttler mit Steilstufe und hohen Fallstufen
13 Hoher Freiraum über den Schüttlern
14 Verstellbare Halmteiler
15 Planetengetriebe für Messerantrieb
16 Halterung für Reservemesser
17 Einzugsschnecke mit gesteuerten Fingern
18 Stabiler Förderkanal mit einheitlichen Anbaumaßen
19 Hydro-pneumatische und mechanische Mähwerksentlastung
20 Antriebsräder
21 Gut zugängliche große Steinfangmulde
22 Getriebe bzw. Hydromotoren
23 Langer Dreschweg für hohe Kornabscheidung
24 Axialgebläse für gleichmäßigen Luftstrom
25 Vorbereitungsboden mit hohen Hangleisten
26 Körnerelevator
27 Überkehrsystem mit 2 Wurfelevatoren
28 Verstellbares Lamellensieb
29 Auswechselbare Untersiebe
30 Große Siebflächen
31 Sammalrücklaufboden
32 Hydrostatische Lenkung

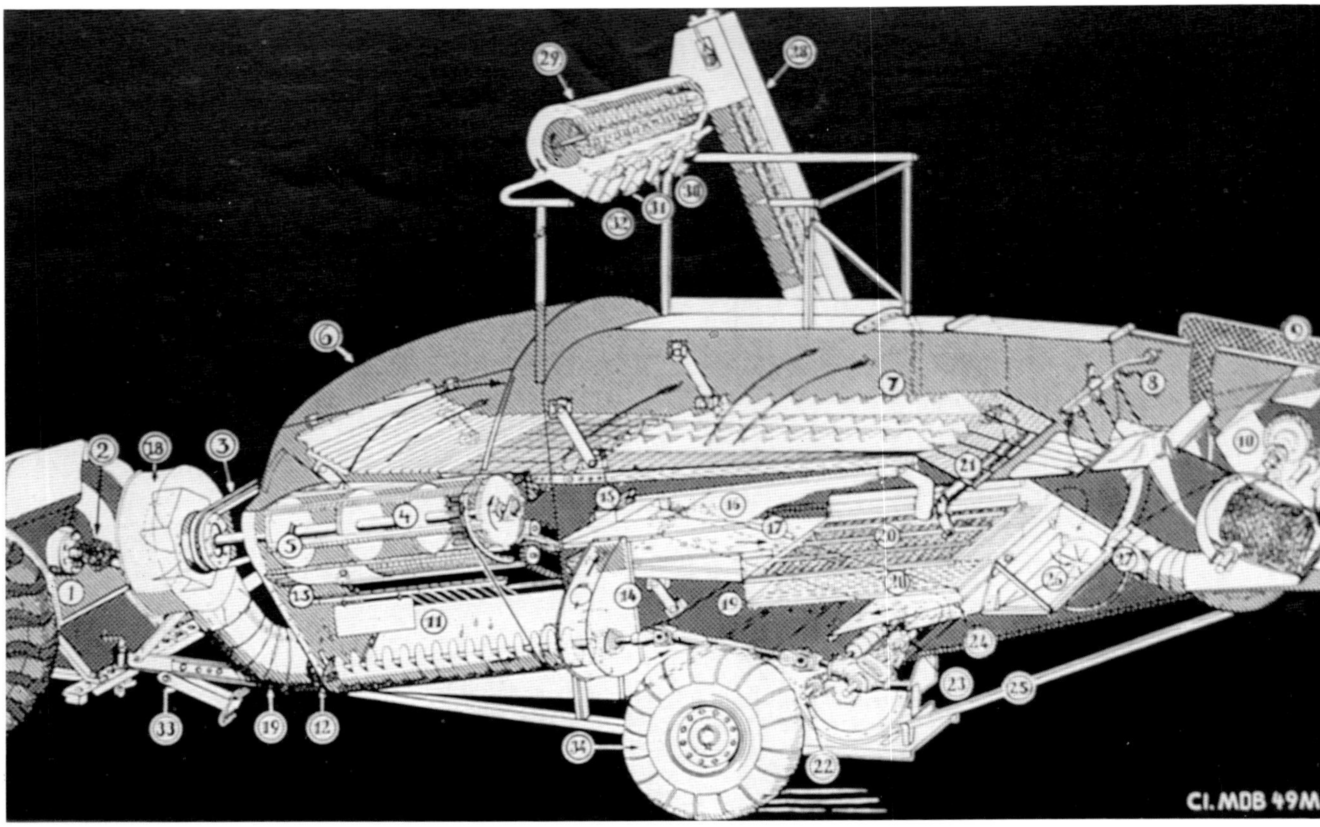

176

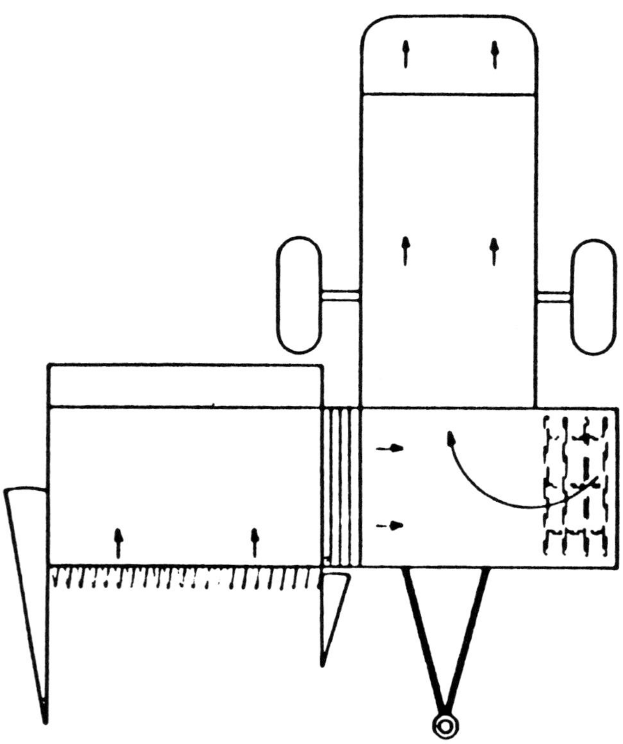

177

176/177 Schleppergezogener Quer-Längsflußmähdrescher (Claas „Super"):
1 Schlepper mit Zapfwelle (2)
4 Dreschtrommel mit Korb (5) und Antrieb (3)
6 Wendekopf
7 Schüttler, Durchgang 1,4 m
9 Strohpresse mit 1,3 m Kanalbreite, Zubringer (8), Knoter (10)
11 Lange Kornschnecke mit Wurf (14)
17 Windreinigung mit Sieben (20)
18 Gebläse und Düse (19)
21 Schüttler und Siebantrieb
22 Kornschnecke
23 Überkehrschnecke
25 Presseantrieb
26 Spreuwanne mit Gebläse
28 Langer Kornelevator
29 Sortierzylinder mit verschiedenen Einsätzen
30 Auslauf: „Feines"
31 Auslauf: „1. Sorte"
32 Auslauf: „Grobes"
33 Klappstütze zum mühelosen Anhängen

178

179

178 Ein MF Massey-Ferguson Mähdrescher Typ 487 telescopie von 1970 mit veränderlicher Arbeitsbreite. Um die Überbreite des Mähdreschers auf zulässige Straßenbreite von 3 m zu verringern, kürzte man den Messerbalken und schob Haspel und Einzugsschnecke teleskopartig zusammen. Links: Teleskopartig zusammengeschobenes Mähwerk in der zulässigen Gesamtbreite von 3 m, rechts: In voller Breite arbeitender MF Mähdrescher.

179 Wenn das Schneidwerk wegen Überbreite für die Straßenfahrt nicht mehr zulässig war, konnte es abgenommen und auf einen mitgeführten Hänger geladen werden. Ein Claas LEXION 460 im Einsatz, August 2001.

180

181

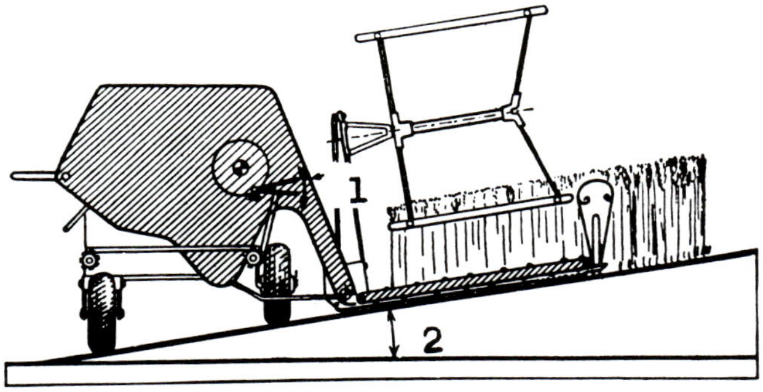

182

180/182 Mähdrescher mit Hangausgleich. Dadurch bleiben die dreschenden Teile der Maschine immer waagerecht und es werden etwaige Verstopfungen des Schüttlers vermieden. So kann man auch in unebenem Gelände gute Arbeit leisten.

183 Dieser Mähdrescher ist mit einem Raupenfahrwerk ausgerüstet und wird zur Reisernte eingesetzt.

184 Zum Anmähen oder Durchmähen schiebt der Schlepper die Maschine mit Hilfe einer Steuerung, die an der schwenkbaren Deichsel angebracht ist, ins Getreide. Nach dem Anmähen wird die Maschine wieder vom Schlepper gezogen.

183

184

185

186

187

188

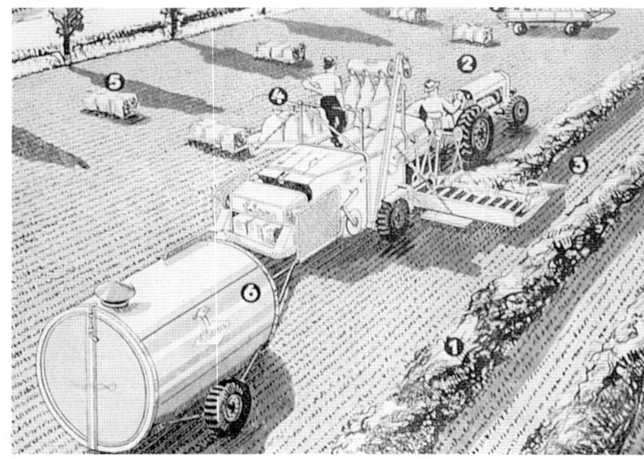

189

185/187 Verschiedene Haspeln zum Einziehen der gemähten Getreidehalme auf das Fördertuch.

185 In der Höhe verstellbare Haspel mit sechs starren Querleisten.

186 Haspel, bei der die Zinken so gesteuert werden, daß sie immer nach unten gerichtet sind und so im richtigen Augenblick das gemähte Getreide greifen können.

187 Nicht rotierender, gesteuerter und mit starren Zinken besetzter „Halmgreifer“ zum Einziehen der gemähten Getreidehalme in das Förderband.

188 Hier wird der Mähdrescher als stationäre Dreschmaschine benutzt. Man wirft das Getreide vom Wagen in die Maschine. Der Mähdrescher ist aber auch zum Hockendrusch auf dem Feld zu verwenden. Vgl. Abb. 154, Seite 93. Es wird von Hocke zu Hocke gefahren und dann wieder im Stand gedroschen.

189 Beim Schwaddrusch läßt man das geschnittene Getreide einige Tage zum Nachreifen und Trocknen liegen. Dann nimmt der Mähdrescher (ohne Schneidwerk) mit einer Trommel das Getreide auf und drischt es (Claas).

190 Freiluftsitz, auf dem der Fahrer gegen Staub und alle unangenehmen Begleiterscheinungen beim Dreschen ungeschützt blieb. McCormick-Selbstfahrer D-61, angetrieben von einem 25-PS-VW-Industriemotor, gefahren vom Autor dieses Buches (1962).

191 Komfortable Fahrerkabine, mit übersichtlicher Anordnung der Bedienungs- und Überwachungselemente. Hier kann sich der Fahrer wohlfühlen (John Deere).

190

191

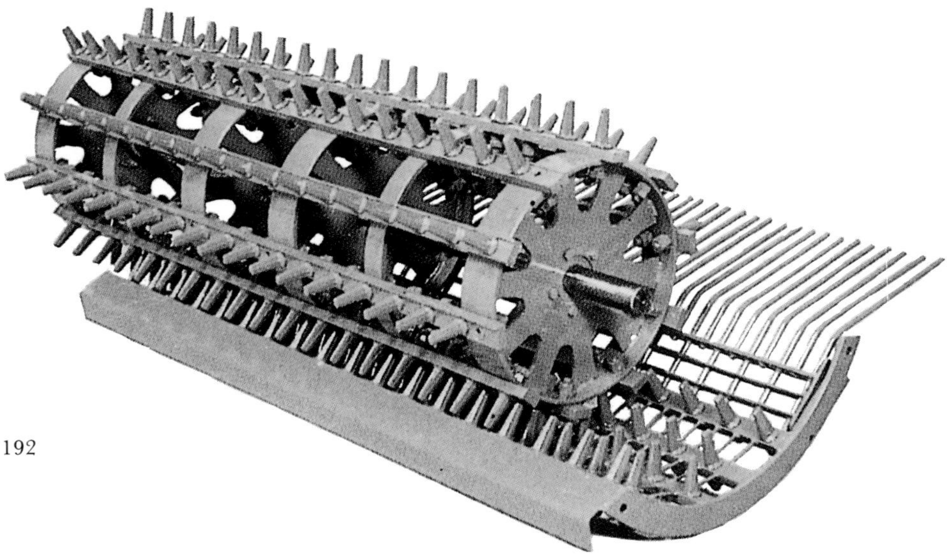

192

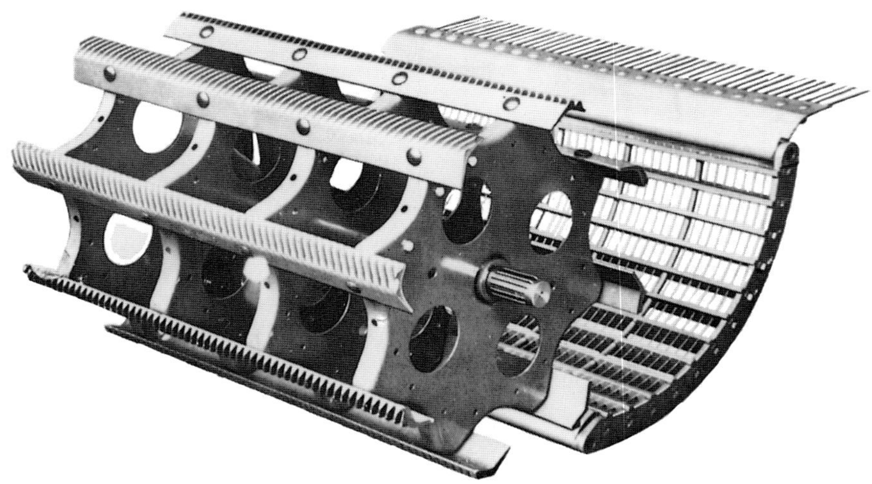

193

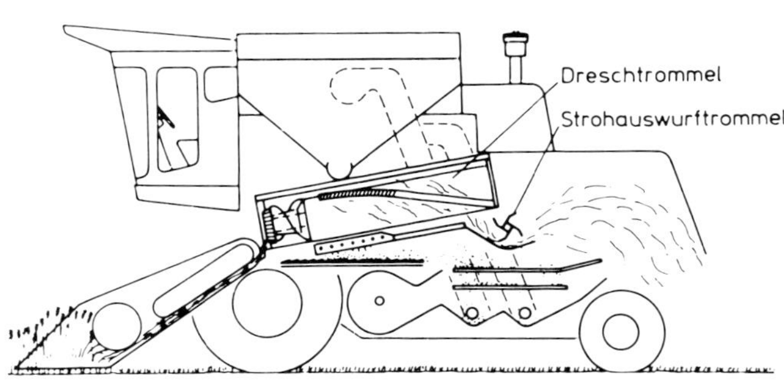

194

192 Stiftendreschtrommel. Gut geeignet zum Ausdreschen von kurz abgeschnittenen Ähren. Langes Stroh wird sehr stark zerschlagen. Deshalb konnte sich diese Art der Dreschtrommel in Deutschland nicht durchsetzen, weil man hier langes und glattes Stroh haben wollte.

193 Schlagleistendreschtrommel mit Dreschkorb. Zwischen den Schlagleisten der Dreschtrommel und dem Dreschkorb werden die Körner aus den Ähren sauber und schonend herausgedroschen. Durch den mehr reibenden Druschvorgang wurde auch langes Stroh nicht geknickt.

194 Das Schnittbild eines Twin Rotor Combine TR 70 zeigt die Lage der in Längsrichtung parallel liegenden Rotoren, deren Außenwand aus einem Sieb besteht, sowie die Anordnung der Strohauswurftrommel; ein schüttlerloser Mähdrescher.

195 Versuchsmodell: Ein auf ein Unimog-Fahrzeug aufgesattelter Mähdrescher.

196 Selbstfahrender Lanz-Mähdrescher MD 18 S mit Strohbindung (1958). Auf der Absackvorrichtung prall gefüllte Säcke.

195

196

Claas
Selbstfahrer
Type S.F.
CLAAS
Entwickelt aus den Erfahrungen, die mit über 10 000 Claas-Mähdreschern in der ganzen Welt gesammelt werden konnten.
Völlig zugeschnitten auf die schwersten europäischen Getreidebedingungen, mit besonders breiter Dreschtrommel (1,25 m), größtem Schüttler (1,25 x 2,40 m), hydraulisch gesteuerter Pick-Up-Haspel, während der Fahrt stufenlos verstellbarer Dreschtrommel - Drehzahl, stufenlos regelbarer Fahrtgeschwindigkeit, mit eingebauter Claas-Hochleistungsstrohpresse.

197

198

199

198 „Mähdrescher im Getreidemeer", ein vielfach veröffentlichtes Foto. Es ist ein „Claas Selbstfahrer Type S.F.". In der Ernte 1954 fraß sich der Mähdrescher in diesem von Wind und Regen verwirbelten langen Roggen durch. Vom am Feldrand stehenden Hochspannungsgittermast wurde diese Erntearbeit aufgenommen. Zugute kam noch die tiefstehende schattenbildende Sonne, die dem Foto eine plastische Wirkung gab, welches dadurch aussah wie ein Wellenmeer. Diese Abbildung verdeutlicht wie der Mähdrescher mit dem durcheinanderliegenden Getreide fertig wurde und noch rundum fahren konnte. Ein bis dahin gebräuchlicher Mähbinder hätte es um ein vielfaches schwerer gehabt das Getreide zu mähen (Josef Schulze-Wermeling, Münster-Nienberge).
Der gleiche Mähdrescher ist auf der nebenstehenden Seite von Claas mit all seinen Vorteilen angepriesen.

199 Ein gezogener seitlich schneidender Mähdrescher und ein Frontmähdrescher als Selbstfahrer im Einsatz.

DER MODERNE MÄHDRESCHER

Von Manfred Baedeker

Die Intensivierung der Landwirtschaft brachte immer höhere Erträge je Hektar. Größere Korntanks erfüllten die Forderung, auch mit breiten Schneidwerken auf großen Schlägen vernünftige Fahrtstrecken zwischen zwei Abtankstops zuzulassen.

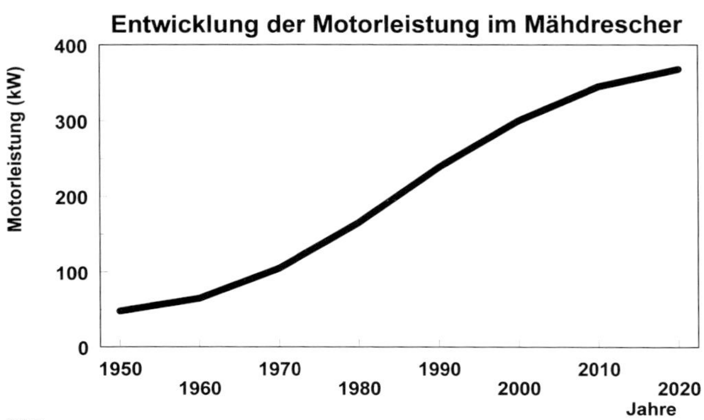

200

Stärkere Motoren führten dazu, daß immer mehr Kraft zur Verfügung stand, um die Mähdrescherleistung steigern zu können. Dies ging jedoch nicht einfach durch Verbreiterung der Maschinen, denn die Gesamtbreite eines Mähdreschers wird durch mehrere Faktoren, so unter anderem durch die Straßenverkehrszulassungsordnung, begrenzt. Deshalb wurde durch verschiedene konstruktive Maßnahmen die Leistung der einzelnen Baugruppen des Mähdreschers optimiert. Im folgenden werden die einzelnen Baugruppen eines Mähdreschers näher besprochen und die technische Entwicklung in den letzten Jahren beschrieben.

Dreschen und Kornabscheidung

Die eigentliche Dreschtrommel hat ja nicht nur die Aufgabe, die Körner aus den Ähren herauszuholen, also zu dreschen, durch den Dreschkorb sollen auch rund 80% der Körner aus dem Stroh abgeschieden werden. Dieser Vorgang wird um so schwerer, je ungünstiger die Ernteverhältnisse sind, zum Beispiel durch feuchtes Stroh oder eine dicke Strohschicht.

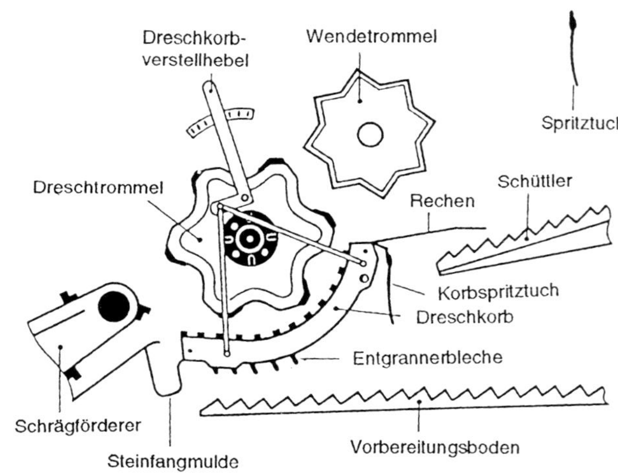

201

Der Schüttler reagiert auf Überlastung mit einer steil ansteigenden Verlustkurve. Deshalb wurde zunächst von fast allen Herstellern versucht, die Leistung des Schüttlers durch unterschiedliche Schüttlerhilfen zu verbessern. John Deere verwendet hierzu mehrere Zinkenräder (Querschüttler), die mit einer Taumelbewegung das Stroh von oben her seitlich verschieben und auflockern, um so den Körnern den Weg nach unten zu ermöglichen. Claas setzt ein bis zwei Reihen Raffer (Intensivschüttler) ein, die das Stroh von oben her auflockern.

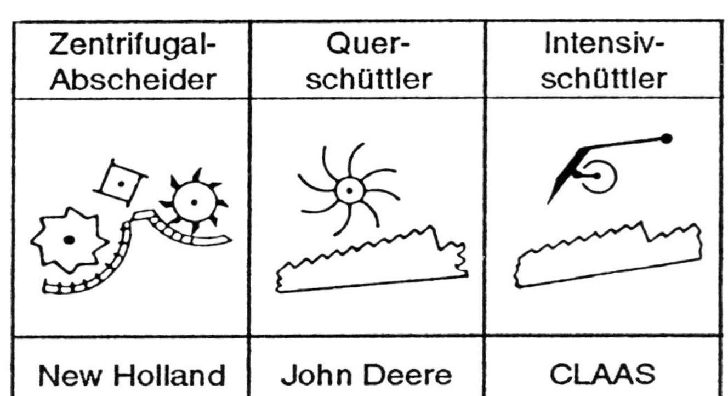

202

200 Entwicklung der Motorleistung im Mähdrescher.

201 Das klassische Dreschwerk.

202 Maßnahmen, um die Schüttlerleistung zu steigern.

203 Das APS-Dreschsystem von Claas mit dem Beschleuniger vor der Dreschtrommel.

204 Tangentialer Drusch und axiale Restkornabscheidung im Lexion 480 von Claas.

205 Die einzelnen Baugruppen des Mähdrescherschneidwerks.

Andere Hersteller (Deutz Fahr, New Holland, Fiatagri) setzen eine weitere Abscheidetrommel hinter die Wendetrommel. So wurde der Anteil der Körner im Stroh reduziert. Claas beschritt mit dem APS-System einen anderen Weg. Unter der Maßgabe, daß gründliche Vorbereitung immer besser ist als ein schlechtes Ergebnis nachzubessern, wurde eine Beschleunigertrommel vor der eigentlichen Dreschtrommel eingebaut. Dieser Beschleuniger erfüllt mehrere Aufgaben: das Erntegut wird der Dreschtrommel gleichmäßig zugeführt, das Erntegut wird beschleunigt, was zu einer dünneren Strohschicht und höheren Zentrifugalkräften führt, bereits ausgedroschene Körner werden durch den Korb unter dem Beschleuniger abgeschieden. So wird der Abscheidegrad der Dreschtrommel auch bei hohem Durchsatz und schweren Erntebedingungen wieder auf den gewünschten Wert von mindestens 80 % angehoben.

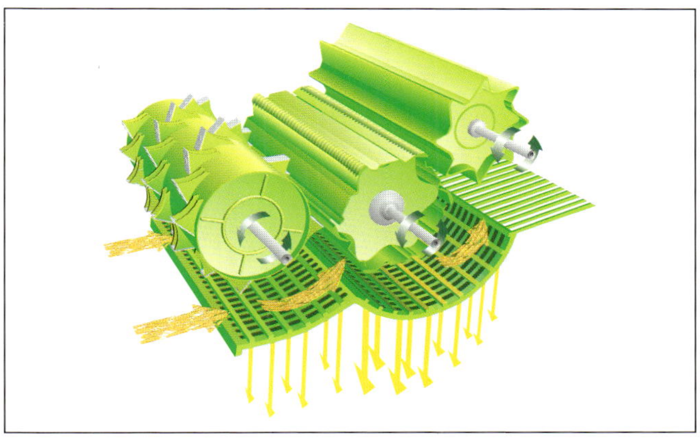

203

Ein völlig verschiedener Weg wurde von mehreren anderen Herstellern beschritten: die üblichen Hordenschüttler wurden durch andere Elemente zur Restkornabscheidung ersetzt. Claas baute hinter das eigentliche Dreschwerk sieben Abscheidezylinder, unter denen sich Abscheidekörbe befanden, durch die hindurch die restlichen Körner abgeschieden wurden. New Holland ordnete im TF (Twin Flow) eine große Abscheidetrommel – den Doppelfluß-Abscheiderotor – hinter dem Dreschwerk an, die den Gutstrom in zwei getrennte Ströme teilte.

Eine weitere Entwicklung waren die Axialmähdrescher. Diese Maschinen kamen aus den USA, wo nach wie vor mit niedrigeren Strohmengen und optimaleren Erntebedingungen gearbeitet wurde. Nach und nach wurden diese Maschinen durch konstruktive Änderungen – insbesondere von Case IH – auch für europäische Ernteverhältnisse einsatzfähig. Das Erntegut wird bei diesem Verfahren axial einem Rotor zugeführt, der von einem Siebmantel umgeben ist. Während das Erntegut schneckenförmig nach hinten gefördert wird, werden die Körner gedroschen und vom Stroh getrennt. Claas machte sich die positive Abscheidewirkung solcher Axialzylinder im LEXION 480 – dem Flaggschiff der Mähdrescherflotte – zu Nutze und ordnete hinter einem APS-Dreschwerk zwei Rotoren zur Restkornabscheidung an. Diese Kombination aus Tangential-Dreschwerk und Axial-Restkornabscheidung bildet ein Hybrid-System.

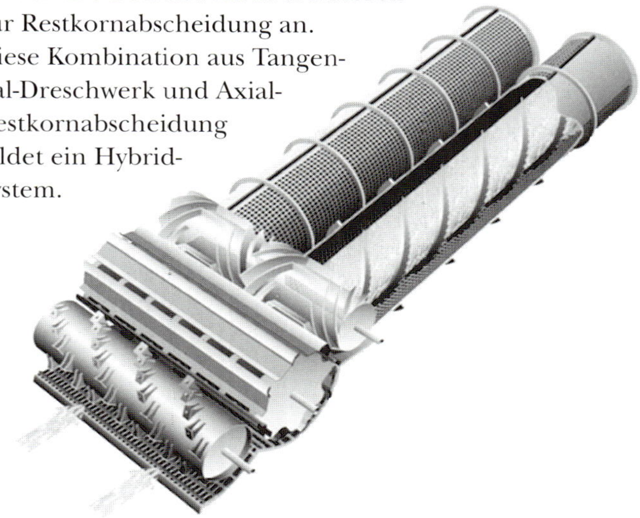

204

Das Schneidwerk

Das Schneidwerk ist das Fundament für die Leistung des Mähdreschers. Nur wenn das Erntegut möglichst gleichmäßig dem Dreschwerk zugeführt wird, kann es sein hohes Leistungspotential erbringen. Die wichtigsten Bauteile eines Schneidwerks sind auf untenstehender Zeichnung zu erkennen. Mit immer leistungsfähigeren Dreschwerken stieg automatisch auch der Wunsch nach breiteren Schneidwerken. Während unter extensiven Anbauverhältnissen (wie zum Beispiel in den USA) Schneidwerke bis 9 Meter Arbeitsbreite schon länger eingesetzt wurden, finden diese Arbeitsbreiten jetzt auch in Europa Anwendung. Solche Arbeitsbreiten können vom Fahrer nicht mehr einwandfrei überwacht und geregelt werden.

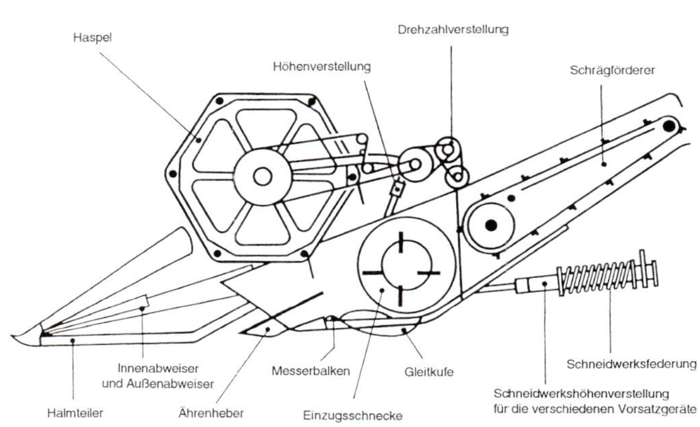

205

Hier fanden zunächst Systeme der Schneidwerksfederung, die den Auflagedruck auf den Boden automatisch regelten, Anwendung. So war wenigstens die Einhaltung einer bestimmten Schnitthöhe ohne Eingreifen des Fahrers möglich. Später folgte dann die Anpassung der Schneidwerkshöhe auch quer zur Fahrtrichtung. Taster oder Sensoren links und rechts an der Schneidwerkaußenkante messen den Abstand des Schneidwerks zum Boden. Ein Vergleich zum vorgewählten Sollwert ergibt – über eine automatische Regelung – immer einen optimalen Abstand zum Boden – und das auf der gesamten Schneidwerksbreite. Diese Schneidwerksregelung vermeidet Schnittverluste, erleichtert die Arbeit im Lager, bei Nacht, am Seitenhang, im kupierten Gelände und auf steinigen Böden.

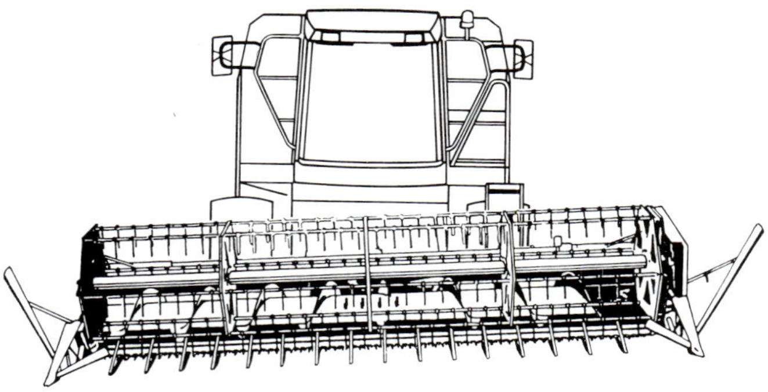

206

Eine weitere Erleichterung für den Fahrer sind Systeme zur automatischen Anpassung der Haspeldrehzahl an die Fahrgeschwindigkeit. So wird gewährleistet, daß die Umfangsgeschwindigkeit der Haspel immer in gleicher Relation zur Fahrgeschwindigkeit des Mähdreschers bleibt. Um den unterschiedlichen Erntebedingungen auf einem Feld noch weiter Rechnung zu tragen, entwickelte Claas ein Vario-Schneidwerk. Aus der Kabine heraus kann der Fahrer den Abstand zwischen Messerbalken und Einzugsschnecke stufenlos um 100 mm verkürzen oder um 200 mm verlängern. Eine weitere Verlängerung um zusätzliche 500 mm ergibt ein Rapsschneidwerk. Die entstehenden Lücken werden durch Füllbleche geschlossen. Zur sauberen Trennung zwischen stehendem und gemähtem Bestand werden ein oder zwei Seitenmesser angebracht.

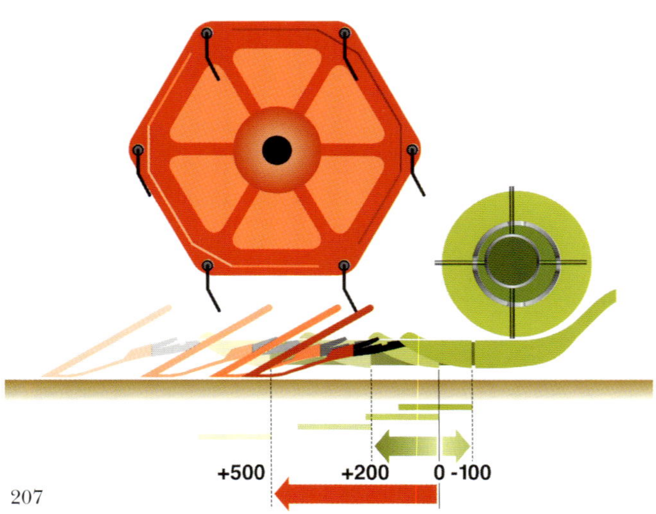

207

Wirtschaftlicher Mähdreschereinsatz ist heute nur noch durch hohe Kampagneleistungen möglich. Das heißt, der Mähdrescher muß möglichst vielseitig eingesetzt werden. Ein moderner Mähdrescher erntet heute nicht nur Getreide, Grassamen, alle Kleearten, sondern auch Erbsen, Bohnen, Reis und Raps sowie Sonnenblumen und Mais. Die Liste der dreschbaren Früchte weltweit ist fast unendlich, und immer wieder kommen aus allen Erdteilen neue Anforderungen an die Konstrukteure hinzu. Das klassische Schneidwerk ist für die meisten Einsätze geeignet, es wird für manche Früchte – zum Beispiel Raps, Sonnenblumen usw. – geringfügig abgeändert oder für die Ernte von Mais durch den Maispflücker ersetzt.

Ein zeitaufwendiger Nachteil breiter Schneidwerke und Maispflücker ist, daß sie beim Transport auf der Straße vom Mähdrescher abgebaut und auf einen Transportwagen aufgeladen werden müssen, der dann hinter den Mähdrescher angehängt wird. Hier fanden findige Konstrukteure Abhilfe, indem sie das Schneidwerk klappbar einrichteten. Schon 1960 stellte Lely-Dechentreiter ein solches klappbares Schneidwerk vor.

Heute gibt es verschiedene Systeme, die den Straßentransport bis zu 5,40 m Schnittbreite ohne den Abbau des Schneidwerks möglich machen. Auch Maispflücker bis zu sechs Reihen können durch Einklappen der äußeren Pflückeinheiten beim Straßentransport am Mähdrescher bleiben. Man kann davon ausgehen, daß breitere Schneidwerke und Pflücker auf solch großen Flächen eingesetzt werden, daß ein Umsetzen während eines Arbeitstages nicht erfolgt, so daß sich ein Straßentransport und somit ein Ab- und Anbau erübrigt.

208

206 Anpassung der Schneidwerkshöhe quer zur Fahrtrichtung.

207 Das Schneidwerk kann aus der Kabine heraus um 100 mm verkürzt oder 200 mm verlängert werden.

208 Das klappbare Schneidwerk von Lely-Dechentreiter aus dem Jahre 1960.

209 Die Baugruppen der Mähdrescherreinigung.

210 Das Reinigungssgut rutscht bei seitlichen Neigungen des Mähdreschers zur „Talseite“.

211 Zusätzlich hangaufwärts gerichtete Schwingbewegungen sorgen für gleichmäßige Verteilung des Reinigungsgutes am Seitenhang.

Die Reinigung – Hier trennt sich die Spreu vom Weizen

Was durch den Korb – oder die Körbe – abgeschieden wird, was von den Schüttlern oder Abscheiderotoren kommt, ist ein Gemisch von Körnern, Spreu und Kurzstroh. Es fällt zunächst auf den Vorbereitungsboden. Durch die schwingenden Bewegungen des Vorbereitungsbodens erfolgt eine gewisse Vorsortierung. Schwere Bestandteile – die Körner – gelangen nach unten, leichte Teile sammeln sich an der Oberfläche. Am Ende des Vorbereitungsbodens befindet sich ein Rechen, der vom Gebläse mit einem Luftstrom durchblasen wird.

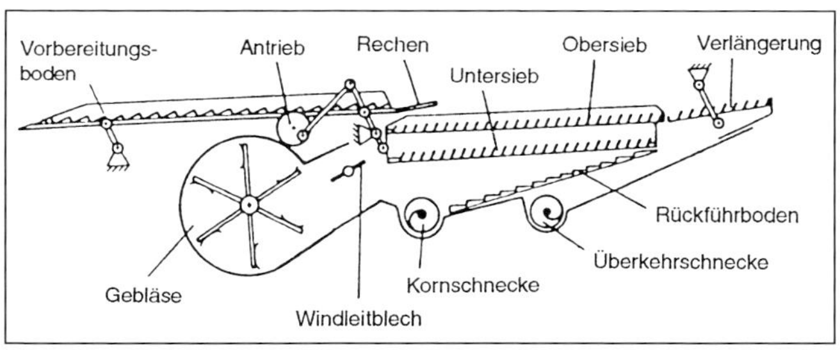

209

Die Körner und das Kurzstroh fallen durch den Rechen auf das Obersieb, leichte Teile werden in der Schwebe gehalten und nach hinten aus dem Siebkasten geblasen. Die Reinigung der Körner von Kurzstroh und anderen Beimengungen erfolgt nun auf dem Ober- und Untersieb. Alles, was durch das Untersieb hindurchfällt, gelangt über die Kornschnecke und einen Elevator in den Korntank. Was auf dem Untersieb nach hinten gefördert wird und was durch die Verlängerung des Obersiebes hindurchfällt, wird als Überkehr bezeichnet und entweder noch einmal zur Dreschtrommel oder zu separaten Nachdreschern gefördert. Es bleibt dem Geschick des Fahrers überlassen, die Öffnung der Siebe und die Windmenge so einzustellen, daß keine Körner nach hinten aus dem Siebkasten geblasen werden und im Korntank ausschließlich Körner und keine Halmknoten und Spelzen ankommen. Darüber hinaus spielen die Wahl der Dreschtrommeldrehzahl sowie des Korbabstandes eine wesentliche Rolle für den Reinigungsgrad des Erntegutes und damit die Ernteleistung des Mähdreschers.

Seitliche Hangneigungen wirken sich äußerst ungünstig auf die Leistung der Reinigung aus. Schon bei geringer seitlicher Neigung des Mähdreschers – z. B. in Fahrspuren von Düngerstreuern oder Pflanzenschutzspritzen – rutscht das Reinigungsgut auf dem Obersieb auf die abwärts geneigte Seite, und der Wind entweicht – den geringsten Widerstand suchend – auf der „Bergseite“.

210

Es bildet sich daraufhin talseitig eine Matte aus Spreu, Kurzstroh und Körnern, die durch die Schwingbewegungen des Siebkastens nach hinten aus dem Mähdrescher heraus befördert wird. Um die Verluste in einem erträglichen Rahmen zu halten, bleibt dem Fahrer nichts anderes übrig als die Fahrgeschwindigkeit – und damit die Leistung – zu reduzieren. Eine Möglichkeit, diesen negativen Effekt zu kompensieren, ist der Hangmähdrescher. Hier wird über Hydraulikzylinder der gesamte Mähdrescher immer waagrecht gehalten. Diese sehr teure Einrichtung lohnt nur dann, wenn sehr starke Hangneigungen vorherrschen – z.B. in Norditalien am Südrand der Alpen – und zugleich der Schwerpunkt des gesamten Mähdreschers verändert werden muß, um eine Mähdruschernte überhaupt erst möglich zu machen. Eine andere Möglichkeit ist, den Siebkasten konstruktiv aus dem Chassis herauszulösen und über ähnliche Einrichtungen immer waagrecht zu halten.

Claas beschritt mit der 3-D-Reinigung einen anderen Weg. Das Obersieb führt zu seinen Hin- und Herbewegungen in Fahrtrichtung zusätzliche hangaufwärts gerichtete Bewegungen aus. Die Stärke und die Richtung dieser zusätzlichen Bewegungen werden durch eine sehr einfache, an die bestehende Hydraulik des Mähdreschers gekoppelte Steuereinheit bestimmt. Durch diese zusätzlichen Bewegungen wird erreicht, daß das Reinigungsgut auf den Sieben bis zu seitlichen Hangneigungen von 20 % gleichmäßig ist und damit Leistungen wie in der Ebene gefahren werden können.

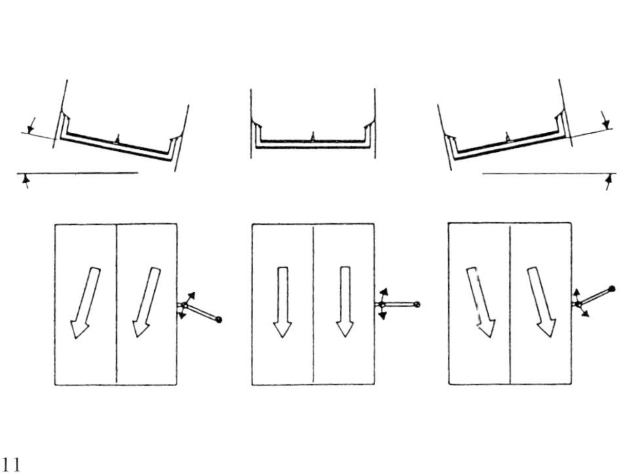
211

Der Fahrer bestimmt die Leistung

Je mehr die Ingenieure die Leistung der modernen Mähdrescher steigerten, um so mehr wurde klar, daß der Fahrer zum leistungsbestimmenden Faktor wurde. Nur ein wachsamer, aktiver Fahrer reagiert schnell und richtig auf wechselnde Erntebedingungen, auf plötzlich auftretende Störungen oder Hindernisse. Er bestimmt durch die Maschineneinstellung und seine Fahrweise die Leistung des Mähdreschers in wesentlichem Maße. Deshalb wurden in einem ersten Schritt die Kabinen komfortabler ausgestattet. die Sichtbedingungen verbessert, alle Schalter, Hebel, Pedale, Instrumente nach ergonomischen Gesichtspunkten angeordnet, Maßnahmen zur Geräuschminderung ergriffen, die Fahrersitze bequemer gestaltet. Dazu kam eine bessere Lüftung, ja heute ist die Klimaanlage bei vielen Herstellern schon Standard.

Neben der Verbesserung des Arbeitsplatzes „Mähdrescherkabine" wurden Überwachungseinrichtungen installiert, die dem Fahrer die einwandfreie Funktion seiner Maschine anzeigen bzw. bei Störungen diese signalisieren. Die Drehzahl der wichtigsten Wellen wird überwacht, und bei Unterschreiten des Sollwerts wird der Fahrer akustisch und optisch gewarnt. Durchsatzkontrollgeräte registrieren die über den Schüttler und den Siebkasten herausfallenden Körner. So ist der Fahrer stets in der Lage, den Mähdrescher an seiner Leistungsgrenze zu fahren oder wird auf Fehler bei der Maschineneinstellung hingewiesen.

Der nächste Schritt ist die elektronische Maschineneinstellung und Überwachung. Über einen eingebauten Computer wählt der Fahrer die zu dreschende Frucht – zum Beispiel Winterweizen – aus, und vollkommen automatisch werden bestimmte Einstellungen, wie zum Beispiel Dreschtrommeldrehzahl, Korbabstand, Sieböffnung, Windmenge usw., vorgenommen. Diese Werte können vom Fahrer während der Arbeit korrigiert und dann zusätzlich abgespeichert werden, damit diese am nächsten Tag wieder abgerufen werden können. Meist ist in ein solches System auch eine Auftragsbearbeitung integriert. Das heißt, der Fahrer bekommt eine vorbereitete Speicherkarte, auf der die heute zu erledigenden Aufträge verzeichnet sind. Zu Beginn der Arbeit liest er die Daten in den Bordrechner ein und startet auf dem Feld den jeweiligen Auftrag. Völlig automatisch werden nun die abgeerntete Fläche, die benötigte Arbeitszeit, aber auch Stillstandszeiten aufgezeichnet und bei Ende des Auftrages auf die Speicherkarte abgespeichert. In vielen Fällen kann zusätzlich auch die geerntete Menge erfaßt werden.

212

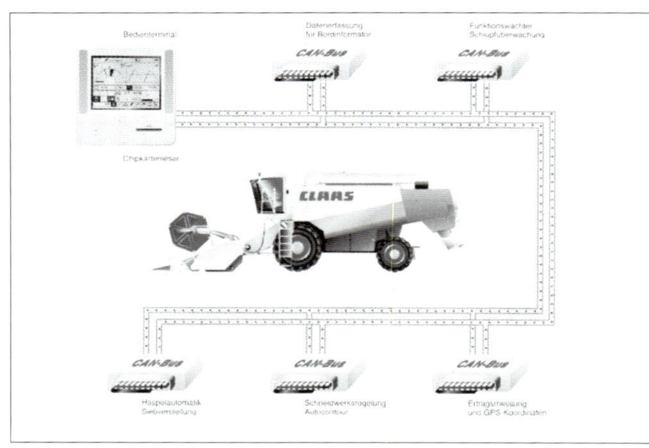

213

212 Ein ergonomischer Fahrerstand.

213 Verschiedene Regelkreise in einem modernen Mähdrescher.

214 Satelliten übernehmen die Positionsbestimmung bei GPS.

215 Die Ertragskarte zeigt das unterschiedliche Ertragsniveau einer Fläche.

216 Optimale Nährstoffversorgung der Pflanze durch Teilflächenspezifische Düngung.

Der Mähdrescher mißt den Ertrag

Das Wachstum der Pflanzen hängt entscheidend von den Eigenschaften des Standortes ab. Diese unterscheiden sich nicht nur von Schlag zu Schlag, sondern können auch innerhalb eines Schlages stark variieren. Mit zunehmender Schlaggröße erhöht sich die Wahrscheinlichkeit für das Auftreten unterschiedlicher Bedingungen innerhalb eines Schlages. Daraus ergibt sich schlußfolgernd: unterschiedliche Bodenbedingungen produzieren unterschiedliche Erträge.

214

Da es nun möglich ist, den Ertrag während der Ernte zu protokollieren, müßte nur noch eine Möglichkeit gefunden werden, diesen aktuellen Ertrag einem bestimmten Standort zuzuordnen. Diese Möglichkeit heißt GPS oder Global Position System. Hier soll nicht näher auf dieses System eingegangen werden. Im Prinzip handelt es sich um ein vom amerikanischen Militär installiertes System, mit dem durch von Satelliten ausgesandte Funksignale jeder Punkt auf der Erde mit erstaunlicher Genauigkeit bestimmt werden kann. Für die Landwirtschaft wird dieses System noch durch ortsfeste Referenzsignale korrigiert und heißt dann D-GPS.

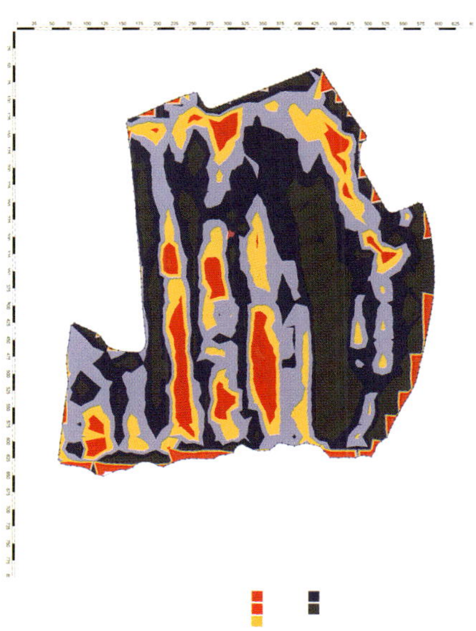

215

Bei der Teilflächen-spezifischen Landwirtschaft (Precision-Farming) werden nun im Mädrescher-Computer die aktuellen Erträge dem derzeitigen Standort zugeordnet und abgespeichert. Mit diesen Daten kann dann auf dem Hofcomputer eine Ertragskarte erstellt werden.

Wenn diese Ertragskarte über zwei oder drei Ernten abgesichert ist, dann ist es nur logisch, daß aus dieser Ertragskarte eine Düngekarte erstellt wird. Beim Ausbringen von Mineraldünger wird nun – vorausgesetzt der Traktor verfügt über ein D-GPS-Terminal und der Düngestreuer über geeignete Einrichtungen – die Düngermenge entsprechend dem Ertragspotential der aktuellen Position des Düngestreuers geregelt. Das heißt, die Nährstoffversorgung der Pflanzen orientiert sich optimal an den Ertragsfaktoren des Bodens. Das Ergebnis für den Anwender: gezielte Düngung, weniger Kosten und zusätzlich ein wesentlicher Beitrag zum Umweltschutz durch Vermeidung von Nährstoffauswaschungen. Sicher sind diese Programme noch in der Entwicklung, und viele weitere Parameter wie Bodenproben oder Bonitierungen können in Anwendungskarten einfließen. Dann sind auch Karten für die Aussaat und den Pflanzenschutz denkbar.

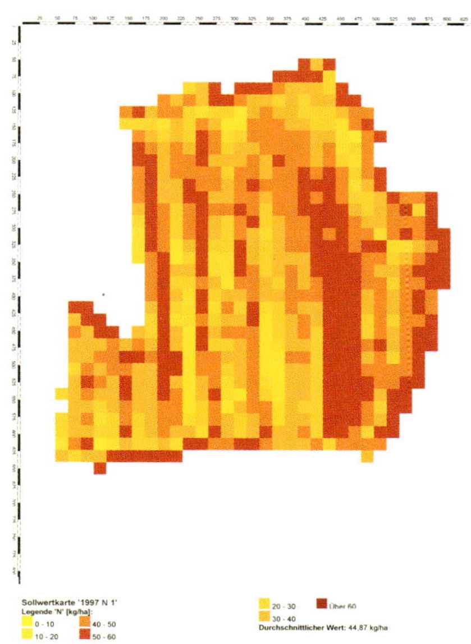

216

Die Entwicklung der Mähdrescher wird auch in Zukunft weitergehen. Vielleicht gibt es einmal den automatisch gelenkten Mähdrescher für Getreide, in der Maisernte ist er ja heute schon verwirklicht. Die automatische Anpassung der Fahrgeschwindigkeit ist sicher ein alter Wunsch, um immer die optimale Leistung zu erzielen. Sicher gibt es in den Entwicklungsabteilungen der großen Mähdrescherhersteller auch Gedanken, wie man das eigentliche Dreschen vervollkommnen kann, das ja heute noch nach dem von Meikle 1788 in Schottland erfundenen Prinzip erfolgt. Doch dieses Buch wurde nicht geschrieben, um die Zukunft zu prophezeien, sondern sollte einen Überblick von der Mähmaschine zum Mähdrescher geben.

Das August-Blatt in einem Werbekalender für Thomasmehl (Phosphatdünger) aus dem Jahre 1927. Rund 100 Jahre nach der Erfindung der Mähmaschine war die McCormick-Maschine in der Landbevölkerung wohl so eingeprägt, daß der Illustrator noch 1927 eine solche Mähmaschine zeichnete.

Ein Kutscher lenkt die zwei Pferde an dem Getreide entlang und ein Mann, auf der Plattform stehend, streift jeweils die Menge für eine Garbe ab. Frauen raffen die Garben ordentlich zusammen, binden diese und haben alle Hände voll zu tun, um dem Schnitt der Maschine zu folgen. Im Hintergrund sieht man aufgestellte Getreidehocken und voll beladene Wagen, die heimwärts fahren. Im unteren Teil des Bildes fährt ein solcher hochbeladener, zweispänniger Wagen in ein weit geöffnetes Scheunentor. Umgeben ist dieser Ausschnitt von einem Erntekranz aus Getreidehalmen und blauen Korn- und roten Mohnblumen, von einem blauen Band umwunden. Der Kranz zeigt das Ende der Erntezeit an. Die letzte Zeile des Spruches „. . . welches Bild kann schöner sein?" hatte seine Gültigkeit, als das Getreide noch ungedroschen eingefahren wurde. Bei aller Idylle ist aber nicht zu vergessen, daß Erntearbeit immer eine harte Arbeit war. Im Jahre 1927, als dieser Werbekalender für Thomasmehl erschien, hatten sich erst seit gut 10 Jahren die Mähbinder eingebürgert – in Amerika liefen schon Mähdrescher.

Zum Schluß noch ein Blick von diesem nostalgischen Bild weg auf unsere heutige Zeit: Ob es eine Lösung ist, durch Flächenstillegung und andere Maßnahmen die Getreidemengen zu verringern, solange wie die Menschheit rapide zunimmt, sei dahingestellt. Auf jeden Fall werden die großen futuristisch anmutenden Mähdrescher auch weiterhin über die Getreidefelder fahren, mit einem komfortablen Arbeitsplatz ausgerüstet, einer klimatisierten Überdruck-Fahrerkabine gegen Wärme, Kälte, Staub und Lärm. Es gibt nur noch wenige kleine hydraulische Hebel sowie einen Multifunktionsgriff, die in günstiger Anordnung bequem von Fahrersitz aus zu bedienen sind. Statt körperlicher Arbeit hat der Fahrer von seiner „Kommandobrücke" Überwachungsarbeit zu leisten. Ein zentrales Instrumentarium gibt optisch über aufleuchtende Kontrollampen und akustisch Auskunft über die wichtigsten Maschinenfunktionen.

Wie die Mähdrescher in späteren Jahren aussehen werden, kann man sich nur ungenau vorstellen: Ein Bordcomputer zur Betriebsdatenerfassung und Ausrechnung des jeweiligen Ernteertrages pro ha sowie kybernetische, also sich selbst regulierende Dresch- und Reinigungsvorgänge, könnten weitere Meilensteine in der Entwicklung sein, die 1826 mit der Erfindung der ersten Getreideerntemaschine begann.

AUGUST
Wenn der Ernte schönes Bild
Mir das Herz mit Freud' erfüllt,
Dank' ich Gott, der schweren Mühen
Seinen Segen hat verliehen.
Schwankt nach heissen Erntetagen
Hochbeladen dann der Wagen
Schwer zum Scheunentor hinein,
Welches Bild kann schöner sein?

217

LITERATURVERZEICHNIS

Claas-Werke: Der Knoter. Hausmitteilungen. Auszüge aus den Jahrgängen 1949 bis 1951.

Claas-Geschäftsbericht 1979/80: 50 Jahre Mähdrescher-Entwicklung. Harsewinkel.

Günther Claas: Mähdrescher Geschichtliche Entwicklung, 2. Auflage 1998.

Christoph: Die Technik in der Landwirtschaft. Verlag Wilhelm Andermann. Berlin/Leipzig 1926.

C. H. Denker: Handbuch der Landtechnik. Verlag Paul Parey. Hamburg/Berlin 1961.

Karl Dieckmann: Schlipfs Praktisches Handbuch der Landwirtschaft. Verlag Paul Parey, Berlin 1943.

Alfons Eggert: Landwirtschaftliche Maschinen in Westfalen in Bildern und Beschreibungen 1900 bis 1950. Mit einem Beitrag von Hans W. Mattig. Verlag Aschendorff. 2. Aufl. Münster 1988.

Fahr 1870–1970: Geschichte und Entwicklung der Maschinenfabrik Fahr AG. Gottmadingen.

Günther Franz: Die Geschichte der Landtechnik im 20. Jahrhundert. DLG-Verlags-GmbH, Frankfurt (Main) 1969.

R. Georg: Der Maschinenbau, Band I und II. Verlag J. J. Arnd. Leipzig.

Wilhelm Hamm: Das Ganze der Landwirtschaft in Bildern. Arnoldische Buchhandlung. Leipzig 1872. Nachdruck: Verlag Th. Schäfer. Hannover 1985.

Erich Harmening: Als der deutsche Mähbinder noch in den Kinderschuhen steckte. In: Miterlebte Landtechnik, Band 1. Vertrieb: Max-Eyth-Gesellschaft (MEG). Darmstadt.

Heinz Haushofer: Die deutsche Landwirtschaft im technischen Zeitalter. Verlag Eugen Ulmen. Stuttgart 1972.

Franz J. Herbsthofer: Wo stehen wir im Mähdrescherbau und wie geht es weiter? Grundlagen der Landtechnik, Band 24 (1974). VDI-Verlag Düsseldorf.

Franz J. Herbsthofer: Mähdruschversuche bei Lanz. In: Miterlebte Landtechnik, Band 2. Vertrieb: Max-Eyth-Gesellschaft für Agrartechnik (MEG). Darmstadt.

Hans Holldack: Maschinenlehre für Landwirte. Verlag Paul Parey. Berlin 1949.

25 Jahre IHC-Werke in Neuss 1909–1934. International Harvester Company M.B.H. Neuss 1934.

Geschichte und Entwicklung der International Harvester Company IHC. Neuss 1962.

Rudolf Isselstein und Dr. Helmut Schwartz: Die Landwirtschaft und ihre Industrie. Verlag Feld und Wald. Essen 1965.

Verwaltung der Landwirtschaft und Forstwirtschaft der Sowjetischen Kriegsadministration in Deutschland. Landwirtschaftliche Maschinen und Arbeitsgeräte Deutschlands. Technische Übersicht. Unter der Redaktion von L. A. Korbut und S. W. Tschuenkowa, Berlin 1947.

Fried. Krupp: Die Maschine in der Landwirtschaft. Kruppsche Monatshefte, Mai 1922 und 1927. Essen.

Kuratorium für Technik in der Landwirtschaft (KTL): Der Ackerschlepper und sein Gerät. Deutscher Zentralverlag. Berlin 1947.

Hubert Kiesewetter: Verkaufsstrategien eines internationalen Unternehmens in Deutschland (McCormick), Heft 2/1989. Verlag Franz Steiner, Wiesbaden.

Pareys Landwirtschaftslexikon. Berlin 1957.

Walter Mertens: Maschinen und Zusatzgeräte zum Mähen von Lagergetreide. Reichsnährstand Verlag. Berlin 1939.

L. Neye: Die Ackerbaulehre, Hildesheim 1915.

ED. A. Pfeiffer: Unsere Technik. Dietrichsche Verlagsbuchhandlung. Leipzig 1938.

H. Schwarzer: Landmaschinenkunde. Verlag Paul Parey. Berlin 1927.

Die Technik in der Landwirtschaft. Wilhelm Andermann Verlag. Berlin/Leipzig 1926.

Ulrich Troitzsch/Wolfhard Weber: Die Technik – Von den Anfängen bis zur Gegenwart. Unipart-Verlag. Stuttgart 1987.

Dr.-Ing. K. Vormfelde: Landmaschinen. Verlag Paul Parey. Berlin 1930.

Nordahl L. Wallem: Erste Versuche mit US-Mähdreschern in Deutschland. In: Miterlebte Landtechnik, Band 1. Vertrieb: Max-Eyth-Gesellschaft für Agrartechnik (MEG), Darmstadt.

Sonderverzeichnis der 30. Wanderausstellung der DLG zu Hamburg vom 27. Mai bis 1. Juni 1924. Berlin 1924.

Anton Zischka: Brot für zwei Milliarden Menschen. Verlag Wilhelm Goldmann. Leipzig 1942.

Bildnachweis

An dieser Stelle sei mein verbindlichster Dank ausgesprochen, den Firmen, Museen, Archiven und Personen, die meine Arbeit durch Überlassung von Unterlagen und Fotos gefördert haben:

Firma J. I. Case, Neuss, vorm. McCormick (IHC); Firma Claas KGaA, Harsewinkel; Firma Klöckner-Humboldt-Deutz Agrartechnik, Lauingen; Firma A. Borgmann, Coesfeld; Historisches Archiv Friedr. Krupp GmbH, Essen; Science Museum Library, London; Landwirtschaftskammer Westfalen-Lippe, Münster; Sammlung Willi Böse, Sassenberg-Füchtorf.

Weitere Fotos: Firma A. Borgmann, Coesfeld: 196. Ferdi Henrichmann, Münster-Altenroxel: 92, 93, 94. Mathilde Klosterkemper, Münster: 89. Franziska Schulze Wilbrenning, Münster-Amelsbüren: 90, 91. Josef Schulze-Wermeling, Münster-Nienberge: 198

Fotos vom Autor: 3, 95, 96, 107, 108, 179, 190.

CLAAS
LEXION
480